世界如此“险恶”女人要更强大

The world is dangerous,
you should be more powerful than before.

金英爱 编著

電子工業出版社
Publishing House of Electronics Industry
北京·BEIJING

图书在版编目（CIP）数据

世界如此“险恶”女人要更强大 / 金英爱编著. —北京：电子工业出版社，2012.4
ISBN 978-7-121-16689-1

Ⅰ.①世… Ⅱ.①金… Ⅲ.①女性—成功心理—通俗读物 Ⅳ.①B848.4-49

中国版本图书馆CIP数据核字（2012）第059222号

策划编辑：张　铁
责任编辑：张　铁
印　　刷：中国电影出版社印刷厂
装　　订：中国电影出版社印刷厂
出版发行：电子工业出版社
　　　　　北京市海淀区万寿路 173 信箱　邮编：100036
开　　本：710×1000　1/16　印张：13.5　字数：186千字
印　　次：2012 年 4 月第 1 次印刷
定　　价：28.00 元

凡所购买电子工业出版社图书有缺损问题，请向购买书店调换。若书店售缺，请与本社发行部联系，联系及邮购电话：（010）88254888。
质量投诉请发邮件至zlts@phei.com.cn，盗版侵权举报请发邮件至dbqq@phei.com.cn。
服务热线：（010）88258888。

前 言

《圣经》中说，夏娃来自于亚当的一根肋骨，因此女人较之于男人头脑简单，看问题比较单纯，她们必须依附于男人而生存。在我国古代，女人也是长期处于被压制且低人一等的地位，她们终生以“三从四德”为信条，根本不知“自主”为何物。于是，柔弱、温顺、贤惠……便成了人们评价女性运用率最高的词语。在社会上，女人和男人相比，永远低他们一等。女人只能祈求男人赐予她幸福，而绝没有翻身的机会。

现代女性与男性平等了，得到了不少权利，可以与男人一样地接受教育，外出工作，甚至养家糊口了，但由于女性身体机能与生理结构的限制，仍然遭遇不公平待遇，比如有些单位不愿意招用女性，认为女人事多，结婚生孩子哺乳期都要给予假期，女大学生求职相比男生难度更大，成功几率不高。有幸谋得职位的女人，不但要同男性一样应对工作的巨大压力，还要极力去平衡家庭与事业之间的冲突。

可见，女人的生存着实不易。然而，更不易的是社会上的尔虞我诈，是职场中的微妙复杂，是生活中的人情世故。世界如此险恶，女人想觅得幸福的难度怎能不增加？

在当今社会上，如果你的父母还谆谆教导你“女孩子不要太要强、太独立、太有能耐，不然会不招人喜欢”，你千万不要再盲目地遵从了。没有人因为你是女子就让你少承担一份责任，没有人因为你是女子就给你受优待的权利。这样的情势中，你若不要强、不独立、没有能耐，谁会在你最无助的时候伸出援手，谁会为你的委屈付出同情？

因此，作为女人，我们必须变得强大！

靠山山会倒，靠人人会跑。你可以钓金龟婿，可以依靠男人的钱去存活，但是别忘了，不要做男人的附属品，那样你会将自己的自尊都附属进去。要有自己的想法，有自己的经济来源，要掌控该有的主动权。

设计好的陷阱，都是看上去十分完美的。你可以很天真，可以很单纯，但你不能幼稚，不能愚蠢到被骗还帮人数钱的地步。

“端别人的碗，看别人的脸！”你即使没有事业，也要有份工作，自己给自己坚实的保障，才最有安全感，才不用委曲求全的看别人的脸色吃饭。

害怕困难，是因为你还没有足够强大。磨炼你的意志，增强你的实力吧。“压力山大”时，你必须hold住。

“女士优先”只是男人的一种礼貌，它不是放之四海而皆准的真理。甩掉这陈腐的观念吧，在职场上，只有聪明女士优先。

性格可以直率，但说话不能直爽。我们要管好自己的嘴巴，“逢人只说三分话，不可全抛一片心”，把话说得滴水不漏，才能不给小人留把柄。

大事要讲原则，小事要懂得变通。“不撞南墙不回头”，勇气虽可嘉，方法却笨。能上能下，能屈能伸，能大能小，在进退之间找到平衡点，才是至高的境界。

抱怨如此普遍，但一味抱怨却于事无补。在充满抱怨的世界里，做一回不抱怨的你吧，努力拼搏要比怨天尤人更能改变你的现状。

有时要睁大双眼，有时要闭一只眼，会装傻的聪明女人，才是真聪明。

世界很“险恶”，但我们依然要懂得感恩。现实世界虽然有诸多的阴谋陷阱，但我们不能就此给心灵穿上铠甲，对谁都设防。我们应相信，生活还是美好的，人心还是善良的，与人为善、豁达阳光，这是你通向幸福的船。

这些发人深省的话是众多女性生活经验的总结，是本书竭力要让我们明白的真理。它们使我们在知道了外面的黑、脏、丑陋之后，仍然有勇气好好去爱，好好去生活；仍然有信心好好去工作，好好去拼搏。因为，我们已经足够强大。

本书的参编人员包括：任昆、王君飞、马飞、秦娇娇、邱香宝、杭三妹、白秀英、安全、高玉荣、张晓荣、卢宁、李小虎、周海华、史平、冯旭、张彤 。

目　录

CONTENTS

第一章　男人是一棵靠不住的树

人们常说，男人是树，女人是藤，所以一些女人，即使受着男人的轻贱，活得很无奈，也不敢离开那棵自以为可以依靠的大树，这样的女人往往很不幸。其实幸与不幸都是自己造成的，女人应该明白，“男人靠得住，母猪会上树”，只有自己自爱自强，就像舒婷的《致橡树》中说的“我必须是你近旁的一株木棉，作为树的形象和你站在一起”，才能牢牢把握住自己的幸福。

第二章　险恶的世界里，你不要很傻很天真

你当然知道，这个世界上乃至你的身边，会有许多谎言与欺骗、仇恨与漠然。在做人难做女人更难的世界上，女人处世当然要谨慎。你的天真可以让你显得更可爱，但更让你显得好骗。而在这个骗子多得连傻子都不够用的社会里，娇弱的女人当然要学习保护自己的方法。任何时候，小心驶得万年船，千万不要天真到幼稚愚蠢的境地。

第三章　缺少独立感的女人最没有安全感

俗话说：“端别人的碗，看别人的脸色！”再甜蜜的爱情也会归于平淡，热恋过后，剩下的就是柴米油盐，如果你没有自己的半点收入，完全靠男人吃饭，他难免会给你脸色看。万一感情有变，你哪怕受尽屈辱，也叫天天不应，叫地地不灵。而独立的女人，不依附任何人，不会被他人所左右，更不会委曲求全地看别人的脸色吃饭。自己给自己坚实的保障，才最有安全感。

第四章 “压力山大”时，你如何hold住？

当今社会，女人跟男人一样打拼，一样竞争，做着同男人一样高强度的工作，还要负起照顾家庭的责任。面对这样强大的压力，你能hold住吗？我们该如何既做好贤妻良母，又工作出色呢？本章会帮助我们学会与压力和平共处，让我们更加美丽自信。

第五章　职场上只有“聪明女士优先”

世人对女人的期许会比男人低很多，所以女人总觉得没有必要非跟男人在职场上争个你死我活，但这并不意味着我们就有理由不坚强、不上进。和男人一样，我们有自己的职业和事业，好好对待它们才会给我们带来更独立的地位和更高的人生价值。在激烈的职场竞争中，我们应明白，外人的帮助永远只是辅助，真正能够一直支持我们的只有自己，我们的心态，我们的思维。

第六章　对抗小人，要把话说得滴水不漏

说出去的话如同泼出去的水，是再也收不回的。然而敏感的、感性的女人们，往往会因为感情冲动而说出太多不该说的话。所以，很多时候，我们需要管好自己的嘴巴，“逢人只说三分话，不可全抛一片心”，把话说得滴水不漏，才能不留把柄，一帆风顺。

第七章　在进退之间找到平衡点

俗话说：“后退一步，海阔天空。”懂得后退，才明白前进。什么事情都死撑着，“不到黄河心不死”，“不撞南墙不回头”，这是很多不会变通的人经常信守的规则。勇气可嘉，方法实笨。能上能下，能屈能伸，能大能小，在进退之间找到平衡点的女人，才是聪明的女人。

第八章　喜欢抱怨是因为你不够强大

如果上帝要毁掉一个男人，就会让他遇到一个唠叨抱怨的女人，这类女人是全天下男人都避之不及的。如果你想让自己的家庭变得幸福和谐，就从今天开始停止抱怨吧！在爱抱怨的女人眼里，让她干什么都觉得不顺心，就算把她捧到女王的位置上，也许她还会抱怨说，每天什么都不用做，简直快把人憋得发疯了！

第九章　做一个会装傻的聪明女人

洛克菲勒曾在给儿子的信中说："装傻带给你的好处很多很多。装傻的含义，是摆低姿态，变得谦虚，换句话说，就是瞒住你的聪明。越是聪明的人越有装傻的必要，因为就像那句格言所说的—越是成熟的稻子，越垂下稻穗。"一个女人，在处世之时一定要心里如明镜般清楚，表面适度迷糊。

第十章 在黑暗的世界里实现幸福的人生

谁的人生中都不可能没有挫折、没有阻碍，关键是你如何对待。搬个梯子爬过去，你就可能成功；没完没了地抱怨、诅咒，你就只能被挡在成功群体之外。学会忘记不痛快吧，豁达处世的心态让你拥有更为广阔的天地。

第一章　男人是一棵靠不住的树

人们常说，男人是树，女人是藤，所以一些女人，即使受着男人的轻贱，活得很无奈，也不敢离开那棵自以为可以依靠的大树，这样的女人往往很不幸。其实幸与不幸都是自己造成的，女人应该明白，“男人靠得住，母猪会上树”，只有自己自爱自强，就像舒婷的《致橡树》中说的“我必须是你近旁的一株木棉，作为树的形象和你站在一起”，才能牢牢把握住自己的幸福。

1.女人越是承认自己的弱小就会越弱小

莎士比亚在《哈姆雷特》里面有一句著名的台词：女人，你的名字是弱者。

千百年来，弱者成为戴在女人头上的一顶帽子，不少女人也在潜意识里承认了自己的弱小。于是，她们事事忍气吞声，委曲求全。

有个女孩向好友诉说她的不幸。她爱上同村的一个男人，两人情投意合，可是这门亲事遭到嫌贫爱富的父母反对，强迫她另嫁一富家子弟。她痛苦地说："我是一个弱女子，怎能抗拒父母的压力呢？只好逆来顺受，同幸福告别。我的命怎么那么苦呢？"

还有这样一个女人，新婚才8个月，丈夫就另有新欢。她跪着哀求丈夫回心转意。她去找那个"小三"，求对方不要破坏他们家庭，遭到一顿臭骂。那个负心汉为了达到离婚的目的，在精神上折磨她，肉体上摧残她。她实在忍受不了了，喝了两瓶"敌敌畏"，临死前还说："我不离婚，就是死了，我也是他家的鬼。"

这两位的遭遇，是多么可悲、可怜！在别人的支配、凌辱下，她们软弱得像根芦苇，轻轻一折，就断了。其实，委曲，求不了全，正像伏契克在《绞刑架下的报告》中写的："**懦弱能够损失生命本身更多的东西。**"她们的软弱，使她们丧失了一切：幸福、人的尊严，乃至自己的生命。

软弱，是意志薄弱的反映。人的行动，受意志的支配，软弱的人，不能用自己的意志支配自己的行动，而是按别人的意志去行动。一个女人，处在这样的境地，如果她有幸碰到了能支配她的意志，又能够反映、代表她的意志的人，这样，在强者的卵翼下，她有可能获得一点可怜的幸福。如果支配她意志的人是见钱眼开、见异思迁、道德低下的人，她的结局就很悲惨了。如上面提到的两个女人，或是有情人不能成眷属，被当作商品卖掉，或是遭到蹂躏和遗弃，饮恨终生。

历史告诉我们：女人和男人一样是一个大写的人，而且在某些时候表现出超越男人的坚强和力量。女人是社会的财富，是人生的源泉，是男人的动力。女人使世界变得更加美丽、更加温馨、更加精彩。在我们的身边，女性所表现的力量无处不在。

有这么一则感人的故事，发生在中世纪的德国。1141年，巴伐利亚公爵活尔失被困在了他的温斯堡中。城堡之外是康纳德国王的军队。这次围攻已历时数月，活尔失知道现在他只能投降了。信使开始在两军之间穿梭，投降的条款列出来了，条件被应允了。活尔失和他的军官们开始准备将自己交给死敌。但是温斯堡的女人们还没打算放弃一切。她们给康纳德国王送去音讯，要求许诺保证温斯堡内所有女人的安全，并许诺她们离开时带走她们双手能够带走的所有珍贵东西。

她们的要求被允诺了，接着，城堡的大门打开了。女人们走了出来——城堡外所有的人大吃一惊。她们手里拿的不是金子，也不是珠宝。每个女人的腰弯得低低的，她们双手抱着的竟是她们的男人。她们要救出自己的男人，不让自己的男人受到这支胜利军队的报复。

康纳德国王被这一壮举感动得流下了眼泪。他凝视着这些坚贞和坚韧的女人，并承诺保证她们的丈夫有完全的安全和自由。接着，国王邀请所有的人参加宴会，并与巴伐利亚公爵签订了和平协议。此后，温斯堡更名为韦博图山，韦博图山在德语中的意思是女人的坚贞。

可见，女人并非弱者，当生活发生逆转时，女人往往更能体现出善良、仁爱、坚贞而有力量。

在这个处处充满竞争的社会，那种柔弱无助的女人已日渐失去市场，男人不再是女人的依靠，女人也早已不是男人的附庸，她们一样可以有出色的事业，有精彩的人生。

曾经有这样一个女人，她在走出不幸婚姻的樊篱后，独自带着子女闯荡巴黎。为了生存她毅然投身于文学创作，她的笔名采用了"乔治"这个男人的名字——寄寓了她要与男人一争高低的想法。她最终以自己的创作证明了她的才能确实不让须眉。她就是法国也是世界最杰出的浪漫派女作家乔治·桑。雨果称赞她"拥有我们男性的所有禀赋，而又不失为女性优雅的品质"，"是我们的世纪和法国值得骄傲的人物之一"。乔治·桑无疑是女性自强的典范。她用勤奋和努力证明了：女人也可以拥有属于自己的蓝天。

自信使女人变得更加聪明，自强使女人学会高贵。女人啊，你的名字不是弱者——如果你看透这一切，自立、自强、自尊、自爱，如果你不慕横财，不服邪恶，脑中有才智，手中有勤劳，你一定闯出自己的一片天地，铸造属于自己的精彩人生！

2. 可以爱男人，但不要一切指望男人

生活从来都是自己的，即便是感情，可以爱，但不要指望完全的依靠，不然，一旦受伤，便是伤痕累累。

与挚爱的人结婚后，小月满心的幸福。从此，她天天为爱人忙前忙后，天底下没什么更大的事强过于他的种种小事；她甘心为他尽心尽力，鞠躬尽瘁死而后已；更情愿为他张罗琐事，埋没在柴米油盐酱醋茶的俗味里。为了他，她放弃了学习多年的技能，因为他不懂也不喜欢；为了他，她忘记了自己爱美的天性，天真以为他爱的是她的个性，无关容颜；为了他，她忘记了自己，只指望男人能懂得她的一片痴心。

而男人却是最不懂得珍惜的生物，狗尚懂得忠心于疼他的主人，男人却最受不了爱他爱到失去自我的女人。

她的男人便是典型的例子，面对女人的贴心伺候，男人只有“烦厌”两字形容，小月偶尔耍上小性子撒娇，男人便借机发作，狠狠吵一大架；而小月愈是顺从，男人就愈是骄纵。终于有一天，男人提出了离婚。

一脸错愕的小月怎么也想不通，自己如此爱他、宠他，为他付出了一切，为什么却换来如此的凄凉境地呢？男人真的是指望不上啊！

每个女人都曾经为了爱哭干了泪伤透了心，于是变得麻木，于是不再懂得享受生活。这个世界的悲剧太多太多，何苦还要自己折磨自己，让自己不好过呢？

著名作家毕淑敏曾说过：婚姻的安全感是来自自己，自己安全了，婚姻就安全了。当你有自我，你不会老是企望别人来给你生活，不会急着把自己嫁出去，不会因为别人改变、迷失了自我。

女人把一生的筹码都下注在男人身上，但不是所有的女人，都可以有安稳的幸福。有多少女人，曾是爱情最虔诚的信徒，把爱情视为全部，当爱情离去，到头来却是一无所有。不仅掏空了心，也浪费了青春。

试想，如果你的一切都是因为男人得来的，那么当他离开你时，你将怎么办？即使你通过那一纸婚书分得他的半份财产，可总有一天会花光，那时你又怎么办？从来不否认好男人好丈夫的存在，可是这毕竟是少数，你怎么就肯定自己会那么幸运？你拿什么保证你的男人一辈子只会对你好而不会变心？

从来不曾否认爱情的弥足珍贵，从来不曾亵渎婚姻的神圣，丈夫，会让一个女人变得美丽；孩子，会让一个女人重新找到人生的坐标。浪漫的爱情和幸福的婚姻是每一个女人都向往和追求的。婚姻是女人的第二次投胎，哪个女人不想选择一个好老公？一个好男人足可以改变一个女人的命运，而一个坏男人，一段不幸的婚姻也足以毁灭一个女人。

其实，不是让女人怀疑爱情，不是让女人排斥婚姻，只是想让女人学会自强，不要指望男人帮你做好一切。女人要知道，人生充满了变数，即使身为一个弱女子，也应该自己掌舵人生。女人要做好充分的心理准备面对生活中所有的始料不及。靠天靠地不如靠自己，即使他给了你所有，也给不了你坚强的性格。女人应该学会自己去应对生活中的种种，应该让自己成为生活的主人。命运把握在自己的手中，只有自己演绎的人生，才没有遗憾。女人，在爱情和婚姻没有来临之前，请自己照顾好自己，请学会自强，不要因为男人的花言巧语而迷失了自我。女人什么都可以没有，唯独不能没有自我。以最美的姿态等待爱情和婚姻，不是要女人涂脂抹粉，穿戴靓丽，等待他的到来，而是以一颗平常心面对宠辱，他来了，嫣然一笑，他不来，闲庭信步。

女人要明白，美丽的容颜会随时间凋零，不要把幸福的砝码都压在婚姻上，电影《爱情呼叫转移Ⅱ》中有这样一句话：**"宁可孤傲地发霉，不可卑微地恋爱。"即便没有爱情，女人依然可以活得很精彩。即便没有婚姻，女人依然是一道独特的风景。我们追求爱情和婚姻，但是我们从不为了爱情而卑躬屈膝，请永远保持你的高姿态。**如果你遇上了一个好男人，好好珍惜，有保留地付出你的感情。如果你遇见了一个让你心痛的男人，不要伤心，大胆地做你想做的事情，因为坚强的你，即使没有婚姻也能很好地生活下去，没有他，你的人生依然辉煌。自强，就是你的一笔财富，自强，可以让你潇洒地摆脱一段痛苦的感情，自强，可以让你做事更干练更干脆。

总之，女人当自强，可以全心全意爱男人，但不要一切都指望男人，这是女人必须要接受和努力的。男人之外，你还要拥有自己的充实生活，即使没有他，你的生活依然阳光灿烂。

3. 小家碧玉的结局往往是遇人不淑

人生百态，各有各的活法，各有各的幸福观。特别是在爱情婚姻的问题上，可以说是五彩纷呈，每个人都有不同的要求与答案。从社会上的一些现象来看，女人要想幸福，一般地都是把希望寄托在自己的婚姻上，好像只要温柔可爱，就能嫁一个“好男人”，一辈子就能幸福。可是，事实并非如此，这样的女人结局往往是遇人不淑。

李嫣是善解人意，温柔贤惠，知书达理的女性。可说起自己的婚姻，她一脸无奈。

李嫣的丈夫酗酒无度，并在酒后对她拳脚相加，粗言秽语。李嫣虽然对对方存有爱意，但无法忍受对方长期酗酒和暴力侵犯，每天都度日如年。

她丈夫下班后常常喝酒，每次喝多了才回来，李嫣就说：“你以后喝酒的时候，少喝点，喝完别耍酒疯。”丈夫不但不听，反而对她轻则骂、重则打。

丈夫喝酒后从来不管妻子生病还是怀孕，都踢她，为此，李嫣小产了好几回，现在孩子都要不了了。后来丈夫有了外遇，经常把李嫣扔在家里三四天不回来。和他好的那个年轻女孩怀孕了，丈夫彻底提出要分手。李嫣苦苦哀求，她想丈夫还年轻，以后他年龄大一点也许能改，毕竟离婚也不是个好事。既然两个人生活在一起挺不容易的，要互相迁就。她特别珍惜两人的感情，夫妻争吵很正常，只要不动手都好。李嫣觉得不是丈夫的错，都怪酒。

像李嫣这样总是采取一种息事宁人的态度，无形之中纵容了丈夫的嚣张气焰，如此下去，她的境况只会越来越糟。

张女士也有着类似的痛苦，她面容姣好，说话温柔，是典型的小家碧玉型。她一直认为凭借自己的相貌和温柔性格可以找个好老公，却遇人不淑。

张女士的老公比她大了十多岁。她本来以为年龄大的人会照顾人，结果完全不是如此，他喜欢在外深夜玩乐，甚至嫖娼，而且他一直觉得张女士的家人都没用，都在依靠他，因此，他从来不给张女士好脸色。

可以说绝大部分男性喜欢小家碧玉型的女人，因为她们温柔顺从，对男人有依赖感，能满足男人的虚荣心。但这只是暂时的，一旦走进婚姻，男人就会觉得这样的女人太麻烦，日渐厌烦。再加上女人的懦弱，一再忍让，最终致使男人对她们冷眼想看，甚至拳脚相加。这类女性要改变自己的处境，必须增强独立意识。

首先，经济上要独立。特别是未婚女人，在经济上一定要独立，如果你做不到独立的话，也许你的男友开始能够忍受，长此以往，再有耐性的男人也未必能体谅于你。他会认为你这么一直依靠于他，不会轻易离开他，他对你的态度已不如当初。对于已婚女人，虽然没有未婚那么大的危机感，但条件允许的情况下，最好自己能有份工作。如长期靠丈夫来养家，虽然理所当然，但在你的家庭里早就没了男女平等。少则小吵小闹，大则是婚外情，甚至最后到离婚，男人们都希望自己的老婆下得厨房，进得厅堂。所以女人们一定要经济独立，就是感情有变，自己也能适当处理，不会因经济不能独立而手忙脚乱。

其次，思想要独立。人常说，有思想的人就会活得精彩。假如你的思想不能独立，跟你男友一起活动时，他会问，我们今天去哪儿玩？实际上他是在征求你意见，另一则，他也在试探你的个性。如你答，随便呀！或者你说呢？你说嘛，我不知道，之类的话，他会认为你没有主见，没有思想，事事都要依靠于别人，一次两次也许他会接受，但久而久，我相信，没有哪个男人愿意带个不懂事的小孩子一起生活，他要找的是女朋友，不是女儿！所以女人，在思想上，一定要独立，独具自己的个性。

再次，生活要独立。女人在生活上一定要独立，不管是你的男友，亲人，还是朋友，都不希望与生活都不能独立的人长期相处。生活包括很多方面，比如最简单的家务，女人一定要会做家务，不是说让你能做满汉全席，至少平常的家常菜要在行，衣服要会洗，地也要会拖。女人始终是女人，不管你在外面多么风光，你回到家扮演的角色，就是妻子，母亲，女儿，女友等。永远不要期望男人能帮你分担多少的家务和生活琐事，他会认为女人连家里生活这点小事都处理不好，其他更不用说了，人与人之间是相互的，长期下去，难免丈夫会对你挑剔。

总之，温柔固然是女人的美德，但温柔不是软弱可欺。**一个够独立能自强的女人，一个不依赖男人的女人，才能创造出幸福的人生。**

4. "胸大无脑"的活着很吃亏

现在人们常对有胸的女人所说的话，那就是“胸大无脑”。胸大，何为无脑。胸大的女人为什么会无脑呢？胸大，并不是错。胸大，给当今繁荣，进步的社会，又多了一项迷人的风景线。男人喜欢胸大，女人羡慕胸大。但是有的胸大的女人，往往确实没头脑。胸大的女人大多数反应迟钝，目光短浅。被人讽刺了，被人嘲笑了她们还以为是在赞美自己。

有人在上海的公共汽车上，目睹了一个典型的美国街头小混混，搂着一个中国小姑娘，光天化日之下，将手从衣服底下伸过去摸她的胸部。而那位中国姑娘很显然十分想表达胸部被外国人摸过的快感，可惜她的英语每次只能说最多两个单词。

还有一位出租司机曾说，有一次在一条著名的酒吧街拉到一个黑人，双手各搂一个中国女孩。他一开始以为从那种地方上来这样的女人是做特殊职业的，没有在意。直到后来他们让他把车开到一所著名高校的女研究生宿舍前，这才大吃一惊。

有的女人把自己的青春献给了老外，以为自己会拿到绿卡，可是实际上这些老外却是混混。这正是“胸大无脑”的悲哀。

在这个繁华的世界，很多女人都迷失了方向，他们认为找个外国人嫁了就可以拿到绿卡，找个“大款”傍了就可以获得财富。

有调查显示，21.2%的女大学生认为傍大款“很正常”。专家表示，这是社会不良风气侵蚀造成了部分女大学生在道德认知方面出现偏离。做个大胆的推理，把调查范围从女大学生扩大到“女人”，认为傍大款“很正常”的比例肯定不止是21.2%。

一个声音高叫着，傍大款吧，“干得好不如嫁得好”。很多女人，“宁愿坐在宝马车里哭，不愿坐在自行车上笑”。“好风凭借力，送我上青云”,嫁一个有钱的大款，至少可以少奋斗十年。

有个女孩子曾这样例举“傍大款”的诸多好处：找了大款，有了钱，可以买很多高档的化妆品，保养皮肤，使自己到了40岁还依然年轻；和大款出去吃饭，一定去高档的酒店，吃西餐；平时出门，坐高级的轿车，气派；穿的呢，就全部买名牌衣服，成千上万也不吝惜；空闲时间，就去国外休闲度假，等等。

女人“傍大款”的心理，可以这样描述：嫁给大款更好，嫁不了当“二奶”和“小三儿”也愿意，她们要的不是感情，而是向大款奉献年轻的身体，来换取大把的钞票与衣食无忧的生活。

可见，女人年轻的身体从某种角度说成为了男人的温柔陷阱。这已成为了一些女人“勾引”男人的武器。

可是，人活着，总是要有一点精神的。自尊、自信、自立、自强，这“四自”是现代女性追求的目标。但是，在全世界倡导人性自由的当今社会，有些妇女却逆时代潮流，作践自己的身体与声誉，自我奴化，希望做男人的依附和藤蔓，而不愿意自立、自强。总想不劳而获，总想躺在男人的金钱里过安适的生活，悲哉！但是胸大的女人一定无脑吗？当然不是。聪明女人一定不会做一个有胸没脑的人。

一个金发美女走入纽约的一家银行并用她又大又蓝的眼睛看着贷款人员说，她将要去欧洲两个星期，并要向银行借5000美元。贷款人员无法相信，她竟笑得如此快乐，但旋即回到现实，并说银行需要一些担保品。所以她坐到贷款人员桌子旁，并交出停在银行外面街上的一辆新的劳斯莱斯的钥匙。当所有手续都已完成，且银行方面也接受了那辆车为担保品后，一位雇员立即将车子开到银行的地下室车库停放。

两周后，这个金发美女穿着黑色紧身裙回到银行，还了5000美元的借款并另外付了15.41美元的利息。贷款人员困惑地看着这个金发美女的脸蛋，而不是她的曼妙身材，并说：“我们很高兴跟你做生意，而且这个交易又进行得非常完美。但我们有一些困惑，当你不在的时候，我们对你作了一些调查，发现你原来是个大富翁。因此，我们非常困惑你为什么要借5000美元呢？”那金发美女回答他说：“你能告诉我，纽约还有哪里能让我停车两个星期，却只要付15美元的地方呢？”

聪明的女人让人忽视了你的外貌，关注你的大脑。所以，身为胸大无脑的女人应该给自己一些空间充实自己完美自己，多一点时间学做一下生活中的聪明女人。因为在这个宣扬个性的时代，**优秀的女人不但要有较高的回头率，更要有洞察一切驾驭一切的能力。**

5. 束缚住女人的不是生活而是自己

也许女人真的是上帝从男人身上抽出的一根肋骨，所以女人才不知倦怠地寻找属于自己的那个男人。爱情便也成了女人永恒的主旋律。为了爱，女人可以放弃一切，可以说女人天生就是能够作出牺牲的人。

在事业上，女人的立场永远是尴尬的。冲破古老禁锢的女人，和男人一样，热情似火激情满怀的年华，也想用一腔热血闯出一片天空。但婚姻和孩子永远是女人事业路上的绊脚石，让女人裹足不前。

为了爱情，为了婚姻，女人会选择放弃优越的工作，美好的前途，一心一意做一个相夫教子的家庭主妇。好像又回到了那个远古的时代，大门不出，二门不迈。女人把自己封闭在那个小小的圈子里，井底之蛙般从窗口望着外面的天空，日复一日，年复一年。

于是，女人的思想变得狭隘。总是担心男人在外面的花花世界里管不住自己的心，总想用敏锐的嗅觉从男人身上嗅到其他女人的味道。对于晚归的男人更是层层考察，回回盘问。生怕一个不小心让其他女人溜进男人的生活。久了，女人累了，男人烦了，爱情在猜忌中慢慢远去。

慢慢地，女人的意识开始落后。当男人谈起生意场的尔虞我诈，谈起职场上的明争暗斗时，女人只会傻傻地瞪着无辜的双眼，似懂非懂地看着男人。没有了心与心的沟通，没有了神与神的交汇，两颗心越来越远，咫尺却似天涯。

聪明自强的女人绝不会这样，她们要出去工作，因为唯有工作能让自己有社交圈，让自己跟得上时代的步伐。不至于一出门什么都不懂，工作让女人不用依靠什么人生活，让女人活得潇潇洒洒，自由自在。只有在工作中女人才能体会到自己的价值，才有自信，才有心情去享受生活。

美国人娜洛拉是一位黑人。她丈夫是美国海军的一个后勤主管，她自己在银行工作，年薪3万多美元。她怀孕6个月就不工作了。孩子出生后，她把孩子送到托儿所，她每周去两次健美俱乐部练腹部肌肉收缩，晚上去图书馆听讲座"如何和自己的孩子交朋友"，平时常常在院子里靠着躺椅读小说。我问她，你也不上班，为什么把孩子送托儿所，她说这是我丈夫的安排，我丈夫说我怀孕9个月身体付出已经很多，如果产后不带孩子能恢复更快一些。有时白天她常去别的女人家，听音乐，和女友外出吃午饭。美国女人夫妻感情再好，也不放弃享受个人空间的乐趣。结婚有了孩子也绝不会影响美国女人的个人空间。她们明白生命是个体的，只有对个体生命意义的自我重视，才能唤起别人的重视，所以美国女人结婚后常常会一个人出来和婚前好友聚会。

娜洛拉虽然没有出去工作，但是她内心并没有受到束缚，她有自己的时间，可以做自己喜欢的事情，而不是像很多中国家庭妇女一样，把自己交给了丈夫和孩子，没有丝毫自己的时间和兴趣。

闻迪是医院护士，她们几个好朋友每个季度都聚一次，谁也不带孩子轻手便脚地"疯一把"。她们的丈夫心甘情愿自己和孩子在家待一个晚上。闻迪的丈夫对我说，闻迪和婚前好友"疯一把"回来能持续高兴好几天，再美满的婚姻也不能包办她所有的精神需求，她有权利拥有自己的个人空间。

类似的生活在美国并不少见：星期天的上午，莎莉拿着一本小说，染着红指甲，端着咖啡，坐在咖啡厅靠海边的窗口，向着金门大桥远眺，一坐一个上午。她是三个孩子的妈妈，中国女人会想，一个三个孩子的妈妈，周日把孩子扔在家，自己端着咖啡享受遐想的乐趣，这怎么行呢？莎莉却认为和丈夫孩子在一起有天伦之乐，自己独处有一种回归时的静谧，这是和爱人孩子在一起没有的感觉。

同样是家庭主妇，美国的家庭主妇过得津津有味，而不像中国家庭主妇一样被束缚了手脚，不能做自己喜欢的事情。严格地说束缚自己手脚的并不是"家庭主妇"这一角色，而是缺乏自我意识的思想。

中国的家庭主妇从事的工作不是积极的创造，大多是周而复始地与垃圾、破坏作斗争——扫地、洗衣、刷碗、擦桌子……她的工作只是为了继续被破坏（虽然被破坏也是为了满足男人的使用需要），但她并不直接从事社会创造，不能像男人一样赢得社会的回报和尊重——这就导致了女人自身难以获得满足感、变得神经质。

是什么束缚了女人？是什么让她们砍断自己天鹅的翅膀做了一只母鸡还沾沾自喜？不是生活，而是女人自己，是女人的观念，束缚了女人。

放开那些所谓的束缚吧，为自己留出空间和时间，大胆地去做自己喜欢做的事，让自己的生活多姿多彩，这样的女人活得会更幸福，更快乐！

6.不为爱情而活，爱情往往更幸福

女人在没有爱的时候，有个性，有自尊，思维活跃，生活内容丰富。男人于是欣赏她，而女人一旦陷入爱河，通常把爱当作生活的全部，她关闭了生活里所有与他无关的部分，整个身心，只对他开放。从前的爱好搁置不顾，从前的密友不再来往，从前的志向不再提起，从前的灵性不再闪现。她爱得伟大，爱得无私！

最初，男人在单纯的爱里充满激情，而时间一久，热情渐退的时候，男人突然发现，从前的那个情人没有了，她变得狭隘、敏感、多疑、乏味，她抱怨他一整天没有一个电话，她数落他又有几天没有陪她，她怀疑他不再像最初一样的爱她，她在心里反复比较他的细微变化，她不思进取，她除了爱与不爱，已经不会说别的什么……

爱已经不再温暖，成为了一种负担。女人陷入爱，也同时是在慢慢失去爱。只因为，她在以不可至信的速度，短时间内，变成另一个人！全然不同的一个人！男人感觉她不再可爱，不再动人，不再温柔，不再……值得他继续守住。

女人往往视爱情如生命，他是她的全部和唯一，他的喜怒哀乐甚至一个喷嚏都能牵动她的心。两个人吵架，先低头的也是自己；结婚了就全身心地投入到家庭里，做起了全职太太，把身心都交给了那个自己爱的男人。正因为这样往往就会纵容他，让他更加骄傲和蛮横，以为你铁定不会离开他。

一位正处于痛苦中的女性讲述着她的遭遇。年轻时，她温柔、贤惠、有知识、有理性，是一位视爱情为生命的女子。后来，为了丈夫的事业，她抛家别亲，追随丈夫一道去了北京。在北京的15年里，她完全牺牲掉了自己原有的专业和能获得的就业机会，一心一意在家相夫教子，当一名贤妻良母。原以为这样付出了青春与感情，也成就了丈夫，自己肯定会夫贵妻荣地过一辈子。可谁知，最近，她发现丈夫有了外遇，并且还有了私生子女。她连死的心都有了，可不知自己究竟错在哪里？有心不跟负心的丈夫过下去，丈夫反而奚落她说：“离婚，你连工作都没有，一点经济能力也没有，你怎么生活下去？”真的，她也怀疑自己离婚后谁会要一个拖儿带女的中年妇女打工。现在，她每时每刻都活在无奈和屈辱中，只能睁一只眼、闭一只眼，既不敢阻止丈夫向外跑，也不愿没有自尊地活着。

这样的女性，的确还有不少。说实话，她们对家庭忘我的付出，可换来的却是巨大的背叛。她们一味地忘却自己，只将幸福的钥匙牢牢交给另一半。如果她既是一名贤妻良母，又是一名自强自立的事业上职业女性，即使15年夫妻生活后突然发现丈夫易辙，也不一定会痛苦得要自杀。伤痛肯定是在所难免的，但这一定是暂时的。她失去的仅是变了心的男人，她的事业前程、人生的价值还没有完全丧失，至少她的生活还不至于因自己没有经济能力而变得一败涂地。所以，她完全可以很自信地融人生活的浪涛里，重新一显身手。也完全可以在生活中重新获得幸福。一切，只要看她是不是拥有自信和自强的气质。

俗话说，若想在世上安身立命，就心须要有一技之长。你把一技之长都丢掉了，又如何在世上安身立命呢？也许上面提到的那位女性，并没有忘记自己当初拥有的那一技之长，之所以今天沦落到被丈夫抛弃的地步，最主要的是她对女性获得家庭幸福的思想认识出现了偏差。她忘记了，自强，才是女性获得家庭幸福的密码。

你可以去爱一个男人，但是不要把自己的全部都赔进去。**没有男人值得你用生命去讨好。你若不爱自己，怎么能让别人爱你？**疯狂的事情经历一次就好，比如翻越千山万水地去看望一个人。孤单的时候找好朋友聊天、逛街、吃饭。不要让孤寂淹没自己。如果发短信息给你喜欢的人，他不回。不要再发。万一不小心喝醉了酒，不要打电话给任何人，包括死党和他。从现在开始，聪明一点，不要问他想不想你？爱不爱你？他要想你或者爱你自然会对你说，但是从你的嘴里说出来，他会很骄傲和不在乎你。

在爱情里，要时刻学会做个睿智自强的女子，学会从容面对爱情也就学会了面对生活。女人们应明白，人生有太多的事情，爱情不是生活的全部，它不过是生活的一部分，或是稍微占的分量多了点罢了。**不为爱情而活，你会有更多是时间与精力关心家人、朋友，经营事业，成就自己的美满人生。**

7.只有缺乏自信的女人才会去讨好男人

世界上的美女比比皆是，但很少有女人认为自己是美的，有勇气说自己美的女人就更少了。奥地利心理学网站近日公布的调查结果显示：只有2%的女人愿意用“美”这个词来形容自己，2/3的女人认为自己长得很普通，更多女人则认为自己简直是“难看”。

心理学家认为，这是女人自信心和自我价值缺乏的结果。实际上，只要对自己有信心，就会让你看起来魅力十足。但遗憾的是，很多女人并没有认识到这一点，她们从不把“我是完美的”这句话用到自己身上，而是不断苛求自己的美丽。

自信对于女人实在太重要了。从大的方面看，一个女人，倘若缺少自信心，就没有超越自我、追求幸福的勇气，哪怕真爱从天而降，她也不会双手接住，反倒把对方的主动进攻视为飞来的炮弹，不是退避三舍，就是四处躲闪，甚至落荒而逃。明明心里喜欢，人家也发出了求爱的信号，就是不回应、不表态、不接受，原因很简单——不自信，这种不自信体现在：一会儿觉得自己配不上他，一会儿又担心对方并非诚意，一会儿又害怕父母出来干涉——感觉不是爱情来了，是灾难来了，不是白马王子驾到，倒像鬼子进村。总之，是前怕狼后怕虎，最终只好来个秦琼卖马忍痛割爱。可时过境迁，却又百般纠结、心有不甘，无奈，只好找闺密诉苦，这世上，后悔的事很多，后悔药却不曾有，把自己折磨成心病的只有一个理由：不自信。

从小的方面讲，女人缺乏自信心会导致依赖牲过强。一旦投入感情中，要么全情依赖，要么盲目付出。因为缺乏自信心，她们总是千方百计地讨好丈夫，希望能够获得丈夫的欢心；因为缺乏自信心，一旦离婚以后就无所适从心灰意冷。表面上两者很极端，其实是殊途同归，只想像条绳索一样拴住他，其结果呢，反倒让男人远离，得不偿失。

自信的女人绝不会把自己搞得如此凄惨。自信的女人，走路时昂首阔步，沉着淡定的表情告诉人们她们的自信所在；无论坐在餐厅还是坐在大排档都一样的优雅而风采不减，微笑的魅力使她们把握住人们的视线所在；买东西的时候不会徜徉不定，走到自己喜欢的东西面前，挑选最合适自己的东西。

自信的女人，无论家庭、事业、交际，都能一帆风顺，偶尔出现的挫折打击，总能被她们轻巧地化去，举手投足间，便能使事情向着有利于她们的方向转去。

自信的女人，不一定是女强人。女强人的雷厉风行与不可一世总让人敬而远之。而自信的女人却没有这样的特点，她们或者刚强，或者柔弱，或者中性，但都使人易于接近、喜欢接近。刚强的她们，会露出豪爽的一面，用一份坦诚与爽朗使你心悦诚服；柔弱的她们，总容易使人们对她心生怜爱，继而心甘情愿为她效力；中性的她们，长袖善舞，无论男人女人都对她们欣赏佩服，那是源于一分自信的洒脱。

自信的女人，懂得什么才是她最需要的。弱水三千，她只取一瓢，那是她的睿智所在。芸芸众生，优秀杰出的人物不计其数，就算是武则天再世，也不能网罗所有，何不寻一个合自己脾胃与自己志趣相投的人共赴一生，谱写生命中的绝唱？所以，自信的女人，从来没有绯闻惹身，因为她们本来就洁身自爱，身正自然不怕影斜，偶有一些人造谣生非，也不过给她们忠贞的爱情做一个广告而已。

有这样一个很优秀的男人，他的妻子并不漂亮。别人问他为什么会选择她做自己的妻子，他的回答对我们很有启发。他说，有一次，女友生病了，在家里卧床休息，他去看望她，他推开女友的房门，发现女友平静地半躺在床上，床头放着一束红色的康乃馨，房间里弥漫着轻柔的钢琴曲，厨房里还熬着香喷喷的八宝粥。在那一刻，他终于知道这就是自己要找的妻子！他深信，一个在病中仍能将自己照顾好的女人，也能照顾好她的老公以及将来的家庭。

所以，女人要想让男人为你折服，被你吸引，就一定要学会照顾自己，哪怕一个人也能过得精彩。

男人欣赏乐观自信的女人。这个世界上自强自立的女人多了，男人背负的精神压力就比较小。而且，一个男人能与一个不仅只满足衣食之安的女人共度人生，生活永远不会陈旧，人生也不会走向退化，他怎会不把你捧在手心，挂在心上呢？

自信，是一份永不会被外人夺取、永远属于我们自己的财富，自信，是我们最具诱惑的美丽。生活没有单行道，太阳每天都是新的，让我们坚强自信地去迎接幸福的明天吧！

8.不为别人而活，你的身心都会得到解放

不知为什么，到了21世纪的今天，希望婚姻白头到老、从一而终，有时竟成了一厢情愿的追求，现实中的婚姻像一件极易碎的艺术品，随时都有打碎的可能，当它被打碎的时候，女人往往比男人更痛苦，因为在观念上，在生存方面，女人受的束缚更多，女人好像从来就不是为自己而活。

想必大家都听说过歌剧《水仙女》，它是捷克作曲家安东·德沃夏克根据剧作家亚罗斯拉夫·克瓦皮尔创作的脚本，改编作曲的一部抒情童话歌剧。它的主要的内容讲的是：

在大森林里的一个湖中，住着一位无忧无虑的水仙女。她爱上了一位英俊的王子，为了变成人到人间去和王子相会，她只好去求助女妖。女妖对她说可以满足她的要求，但她必须变成哑巴作为交换，同时，一旦她失去王子的爱，就必须永远半人半妖地生活在湖的最深处，而且王子也将失去生命。历尽艰辛，水仙女终于来到人间，而且如愿地与王子相爱了。但是，就在他们举行婚礼的那一天，王子却爱上了一位公主，她是来自邻国的来宾。水仙女痛苦万分，只好遵守诺言，半人半妖地回到湖水深处。不久，王子后悔了，他来到湖边呼唤水仙女，并请求得到她的原谅，但一切都已经太晚了，虽然王子忏悔地亲吻了水仙女，但是最后王子还是死在了湖边。水仙女抱着王子的尸体，伤心欲绝地沉入湖底……

我们伤心地看到歌剧中的水仙女为了爱情而变成人，为了和深爱的人在一起，不惜抛弃自己仙女的身份，变成凡人去爱，结果却是飞蛾扑火一样的结

局。那么现实生活中的女人又在为谁而活呢？为自己，还是为男人？

为男人而活的女人是多情的女人，是一个在老公面前忘我的女人，是一个只会奉献的女人，是大多数的男人喜欢的女人，把自己的青春和情感寄托在一个男人的身上，抱着嫁鸡随鸡，嫁狗随狗的思想，打算和这个自认为很满意的男人白头偕老。这种女人的全部生活都是围绕着她的男人转，到商场逛不先看自己的衣服，先给她的男人挑选，她们在和同事朋友在一起的时候嘴里从来离不开自己的男人，在她们的心中她的男人是最优秀的。为了自己的男人什么事情都愿意做，她们默默奉献着自己的一切。

随着岁月的流逝，她们美丽的容颜和青春不在了，她们的男人却依旧魅力十足，甚至在她们的滋润下，过着老爷一般的日子，家里的大小事情从来不需要爷们操心，只需要每个月定期交上工资就可以了。女人却因为生活的重心全部在男人身上而失去了自己的人生方向，她们甚至放弃了自己多年的爱好和习惯，放弃了自己原有的生活和朋友，像一朵盛开争艳的玫瑰把最美的东西奉献给了别人，自己却在慢慢地枯萎。

默林的家境不是很好，兄妹又多，中师毕业后回到家乡当了一名教师，可是后来受人排挤离开了校园。离开校园的她不久就嫁给了一个大她三岁的男人，男人在外面做生意，一年也回不了几次家，后来她有了一个女儿，这使她在那个重男轻女的家里彻底失去了地位，她的婆婆对她的态度变得越来越恶劣。她的丈夫回家的次数也更少了，后来听说丈夫在外面有了外遇，要和她离婚。离婚后，默林自己带着孩子很困难，别人都劝她再嫁个人吧，一个女人带个孩子不容易。可是她不同意，她怕“后爸”对孩子不好。自己凭着中师毕业的资格，在家办了个幼教班，收了几个学生，以维持生活。30岁的女人，看起来异常苍老，她常说：“我这一辈子什么都没有，就指望我闺女了，要是没有她，我早就不活了。”她是个实实在在的好女人，她现在为了孩子，以前为了丈夫，给自己留下的生活空间却愈来愈小了，终于失去了自我，也因而远离了幸福。

现在，女人到底为谁而活，答案已经很明了了。女人应该为自己而活，当你美丽的容颜和青春不在的时候，你拿什么来维系你的婚姻？你拿什么来牵制你的男人？女人还是应该有自己的事业，有自己的头脑，有自己的主见，关键还要能够把握自己的命运，知道自己想要什么想做什么和想追求什么。**不为别人而活，你的身心都会得到解放。**

当然，不是说女人的奉献精神不好，而是女人在关爱孩子和丈夫的时候不要把自己给遗忘了。聪明女人为别人而活，更为自己而活，她们绝不会把一切的一切全部地投注到一个男人或孩子的身上，她们知道怎样活出自己的价值。

我们常听到一些好女人这样的感慨："好累呀！好烦呀！"那么，聪明女人就不烦不累吗？当然不是这样，问题是你要懂得如何生活，如何为自己而活。没有什么比这来得更实在、更重要了。**聪明女人为自己而活，为自己认真过好每一天，为自己全力以赴地去做好每一件事。**聪明女人有自己独立的生活空间，有自己的一帮朋友。她会在周末约上一两个知心好友去逛街，会在闲暇的时候去健身，也不忘及时去充充电。这样的聪明女人身上有一种淡定和从容，她们的生活也许波澜不惊，但她们是美丽的、自信的、快乐的。

聪明女人懂得生命是自己的，要为自己而活，以自己的本色活着就是对生命的最大尊重。相信这句话，你不要去为任何人而活，包括你爱的人。你可以为他献出生命、牺牲一切，但一定要自强。**把自己的全部身心都交给那个自己以为可以托付一生幸福的男人，这是最大的弱智。**

第二章 险恶的世界里，你不要很傻很天真

你当然知道，这个世界上乃至你的身边，会有许多谎言与欺骗、仇恨与漠然。在做人难做女人更难的世界上，女人处世当然要谨慎。你的天真可以让你显得更可爱，但更让你显得好骗。而在这个骗子多得连傻子都不够用的社会里，娇弱的女人当然要学习保护自己的方法。任何时候，小心驶得万年船，千万不要天真到幼稚愚蠢的境地。

1.设计好的陷阱，都是看上去十分完美的

太过美好的事物，往往是个陷阱。当有一份美丽摆在你面前，我们很难抵挡她的诱惑，而当她看上去越完美无瑕，我们越是容易迷恋，心越容易被麻醉，一步一步走进陷阱。

坟墓前面总会有鲜花，陷阱上面总有草做掩饰。我们常说“天下没有免费的午餐”，就是这个意思，什么事情都要有所付出，不付出就想得受益，不付出就想捡到便宜，那是不可能的。天上掉馅饼的时候，不要急着去捡，要看看跟在馅饼后面的是什么东西！很多事情并不像表面那样简单，背后可能有不可告人的目的，聪明的女人必须提防陷阱，小心被人暗算。

当有一天，公司突然向你作出一项提议，譬如调派你到另一部门工作，或把你派驻海外分公司，千万别高兴太早，因为这很可能是一种阴谋，一个托词，最终目的是要消减阁下的权力或影响力。不少行政人员不懂尔虞我诈，欣然接受，到后来知悉事情真相时已经太迟。

身为白领的Sandy，一直以品牌经理的位置为奋斗目标。刚进公司一年，Sandy深知自己资力尚浅，就一直在积累经验，以求机会降临时成为有准备的人。Sandy的表现有目共睹，上司也一直对她赞许有加。

某天，上司让Sandy进办公室开会，告知她可以正式升为公司的咨询顾问，薪酬比现在高，有独立的办公室，工作也比较轻松，征求她的意见。虽然离自己的目标有点偏离，但怎么说也是顾问级别的职位，Sandy作为新人，能得到这样的提拔，自然开心，爽快地接受了上司的建议。

然而当三天后Sandy正式到职时，才发现这是一个可有可无的位置，主要做些电话回访和杂七杂八的事务。而自己原来的工作，却被上司安排进来的亲信接手了。Sandy一怒之下愤而辞职。

这个炮弹比较险恶。首先它满足了你的虚荣心，然后用优厚的条件利诱你，这样的糖衣大部分人都无法拒绝，到最后才把你架空，让你逐渐失去竞争力。所以，无论上司的提议多么吸引，都不可被虚荣心蒙蔽，认为是受到公司重用。接受前要认清事情真相，衡量自己的实力，看看对自己的职业规划是否有利。明白后就可以委婉拒绝虚假升职，坚持在原岗位为前程奋斗。找上门来的“好事”，总是出其不意的，在你防不胜防的时候，吓你脑门出冷汗。

小丽性情温和，谦虚有礼，虽是新人却很受欢迎。新人中有一女孩欣欣，对小丽特别信服，觉得小丽做事沉稳踏实，常常在大家面前对小丽赞不绝口。特别是有老总在场，欣欣就更起劲地为小丽戴高帽，小丽脸上笑眯眯的，心里别提有多甜了。

这天，欣欣又当众夸小丽的策划：“真棒，其他人怎么会有这样的创造力呢！什么事交到你手中办，肯定里外都会配合，顺利完成的。”小丽开心地接受这样的赞美，甚至在老总经过的时候，也不反驳欣欣的吹嘘：“咱们部门要是交你来领导，肯定创全公司最佳！”

小丽万万没有想到的是，她在公司里的好印象，渐渐被欣欣的称赞破坏掉了。大家合力创作的结果，在欣欣的吹嘘下，变成了小丽一人的功劳，而她自己又是一副默认的态度，完全没有顾及大家的感受，同事和老总心里听了都不舒服。而没有大家的协助，小丽以后工作起来也困难重重。

面对这种名不副实的称赞，一定不可飘飘然，疏于防范，切记及时制止，不可愉快接受。可以在适当时候表示：“谢谢你的赞美，其实这是老总的正确指导和大家努力的结果，换成其他同事负责，也会一样出色。”以免过分张扬，对自己形象大打折扣。

女人永远要记住，**只干活不思考的人不会有真正的进步**。善于思考，善于辨清真伪，就能防范小人的欺骗。别人告诉你的经验不该全盘接受，而要经过分析，取其精华，为我所用。而即使别人的经验是正确，也不代表用在你身上会成功，一定要边实践边思考，不断改进才能争取进步。更不该因小失大，从此不再向别人学习。

人在职场历练几年，都学会虚伪的文明，在说"滚出去"和"你去死"之前，都要加上"请"和"谢谢"，这样情况下的对话，由于太过注重形式，会显得虚幻莫测，极大地妨碍沟通。如同只有练好听风辨器的功夫后，才好行走江湖一样，想在职场上扬名立万，也要先了解好办公室里的魔鬼词典，听懂话中话的真正含义，看清糖衣下的炮弹才好有应对防身之策。

2. 没有底线的善良就是传说中的愚蠢

那是一个美丽的小岛，岛上最独特之处是有许多种类的蛇。岛上的居民非常注意保护当地的生态环境，特别是保护蛇。

有一天，北风呼啸，突然降温。父子俩徒步去集市办年货，途中在路边看到两条冻僵的蛇。儿子弯下腰，说："我把它们放在怀里，让它们慢慢地缓过来吧。"

父亲说："不急，先让我看一看是毒蛇还是无毒蛇。"父亲仔细观察后确认是无毒蛇，也就同意了。儿子在大衣外面横系了一根绳，把冻僵的蛇放在大衣与棉衣的中间。

随后，父子俩继续赶路。走了一阵子，儿子突然高兴地说："有一条蛇已经缓过来了，已经会动了。"他高兴地解开大衣的扣子，准备看一看，没想到苏醒过来的蛇突然在他手上咬了一口。

父亲急忙上前看了看，心疼地说："把蛇拿出来吧，免得再咬你。"儿子说："既然是无毒蛇，问题不大，还是在怀里放着吧。"

父亲坚决地说："不行！一定得拿出来！"

儿子不解地问："咬人是蛇的本性，善良是做人的原则。不能因为蛇咬人，就放弃我们保护蛇的责任。这不是您以前多次对我讲过的话吗？"

父亲笑着对儿子说："一定要记住：**善良是可贵的，是任何时候都必须坚持的，但是善良也要有度**。我们不仅要避免被毒蛇咬着，而且要避免被无毒蛇咬着。"

这个故事让我们想起了东郭先生和狼，还有农夫和蛇的故事。都是因为人太善良了，连动物都要欺负你，欺骗你。当今社会，物欲横行，形形色色的人到处都是，为了更好地生活，不能过于善良，这样会被欺骗的，尤其是女性朋友。

害人之心不可有，防人之心不可无。不能因为你是善良的，就用善良的眼光去看待所有的人。社会上鱼龙混杂，到处都是陷阱、圈套，必须小心提防。

一女孩晚上8点左右在一家卖场门口碰到了三个小伙子，学生打扮。小伙子们说是要借手机打电话。并说自己是香港人，来杭州考察，这是第三站，下一站是新加坡，但不见了钱包、手机，连住宿、买摄影设备的钱也没有。"

看着这三人的打扮挺时髦，不标准的普通话里还掺杂着英文，就信以为真，就把手机借给了他们。电话里，小伙子们像是在向家里人要3万元，但需要一张银行卡汇钱。小伙子们就提出要借用女孩的银行卡来汇款。女孩手上有一张银行卡，存有两万多元钱。过了会他们打电话问建行，说是钱汇到了，但今天是周五，明后天是双休日，要下周一才能提出来。

女孩实在是太善良了，竟然主动提了这么一个主意。"我卡里的两万元你们先拿去，还有一万元下周一你们找我，或者我找你们。"

四个人到了附近的ATM机。"两个人站在门口，一个人走进去后，戴上了一个很卡通的口罩，女孩也没多想，以为是怕甲流。"

女孩分8次，每次取2500元，共取了两万元交给这三个小伙子，在小伙子们的感谢声中，女孩为能给他们带来帮助而高兴。回到家后，她越想越不对。于是，她再打回去他们拨的电话，对方说没有人打电话来。这时候，她才明白，自己被骗了。

虽然已有很多类似的骗局曾经给过人们警示，但善良的女孩还是上了当。人心险恶，犯罪分子欺骗的伎俩往往让人防不胜防。

所以当你还不了解你的朋友或者陌生人的话，请不要相信他们说的话。他们要你做什么你也不要理会他们，女性要懂得怎么保护自己。

曾明明的成长环境，使她永远保持着一分善心，善待每一个人，善待每件事。应当说这样的人应该是人人尊敬的，可是就是由于她保持着善心，被一些人抓住了这个“把柄”。导致她永远像黄牛一样，一直默默无闻地无私奉献着她的精力和热情。

朋友从她身上，利用她的同情心，骗走了仅有的几百元生活费；老板从她身上，利用她的无私，骗走了她的精力和工作热情。最后，她还得回到呵护她的温馨港湾——家。可以说自己付出了，却没有得到回报。

有一天，她的知己忠告：别老是那么善良，别人不会感谢你，只会利用你去帮他们做他们没时间做的事情。

英国文豪莎翁曾说过：**“过度的善良会摧毁它的本身，正像因脑充血而死去一样。”**没有底线的善良就是传说中的愚蠢。善良之举是一种美德，但一定要掌握好度，千万不要过度，不然的话，就可能给自己无端地招惹上麻烦。

3. “烂好人”做到最后，只剩下“烂”字

大家都喜欢“好人”，也欢迎“好人”。因为“好人”不具侵略性，不会伤害到别人，甚至有时还会为了别人而让自己吃亏。

做“好人”是性格决定的，想不做都不行，而做“好人”也有其人际关系上的价值，因此，**做好人是值得肯定的，但不能做“烂好人”**。

所谓“烂好人”，就是没有原则、没有主见、不能坚持的“好人”，这种

人不知是性格因素，还是有意以“好”，去讨别人的欢喜，反正是有求必应，也不管该不该，有时也想坚持，可是别人声音一大，马上就软化下来，因为缺乏原则与坚持，导致是非难分，当事不能解决的时候，便“牺牲”自己来“成全”大家；有时也想“坏”一点，可是离“坏”还有一大段距离，自己就开始自责，检讨自己这样做是不是不应该。这样，久而久之，你就变成供大家倾轧的牺牲品。

已跳槽两年的朱晓芸，应老同事们的邀请，参加了他们的聚会，老同事看见她说得最多的一句话是：好想你啊，你走了之后，我们的材料都要自己整理，想喝饮料也要自己去买了，真的很不方便。

她是被同事公认的好人，但这样的好人，时间长了，大家都习惯了她在办公室承担的杂工角色，其他的正事根本就想不到让她做，朱晓芸也想参与一些日常的技术工作，但都被以没有经验为由拒绝本来就脑子简单的她，如今更没有主意，不知该如何摆脱现状这样的处境，让她很尴尬，便开始尝试拒绝同事们的差遣。可她的正当拒绝，却遭到其他人的埋怨，更有人说她心计重，与刚来的时候不一样了，让她做点事也叫不动。

同事们的怨言让她很郁闷，更不知道该如何改变别人已形成的看法，给自己一个转变的空间。不得已，朱晓芸提出了辞职，另谋出路。

所以，在职场这个复杂的环境里，最好还是不要做烂好人。既牺牲了自己的利益，又得不到别人的赞美之词。

许多职场新人也有类似苦衷：不分场合示人微笑，人家觉得你没个性；对同事有求必应，必然有某次因为能力或其他原因你“应”不了，人家便觉得你不够意思，从而疏远你；你心无城府地多次借钱给同事，他很快心安理得习以为常，你倒是被逼入两难的境地，讨，怕伤感情，不讨，白遭损失；办公室里只有你不时地操练扫把和拖把，久而久之，大家把你当成兼职的清洁工，坦然享受你带来的整洁干净，心里却丝毫不记你的好，久而久之，就变成了大家呼来唤去的“杂工”，就成为大家倾轧的牺牲品。

而且，这种"烂好人"得到的效应和"好人"是不同的，"好人"也是有原则的，所以他人在颂赞这"好人"的"好"时，还带着几分尊敬甚至"畏惧"。但"烂好人"则不然，他在人际关系上的效应是"不能担大任"的风评，而且别人因为深知他的弱点，甚至会算计他、陷害他，得寸进尺，予取予求，反正他不会反抗，不会拒绝。

"烂好人"做不得，面对险恶的社会，"好人"要有保护自己的方法。

首先要确立自己待人处世的原则，有了原则，对别人的要求就不会照单全收。还要有拒绝的勇气，如果能拒绝别人几次，别人自然就不敢随便对你做无理的或有害你的事，不过这还得以明辨是非与独立思考的能力做后盾，否则就会拒绝不应拒绝的事，接受不该接受的要求。

其次是适度的抗议和生气。有些人以欺负好人作为生存的手段，因此当你受到不公平的待遇时，要有勇气抗议，这种抗议必须有气势，不必得理不饶人，但要充分表达你的立场。至于生气，也不必闹翻天，让对方了解你的立场即可。一般喜欢捏软柿子（欺负好人）的人，心都是虚的（因为他不敢去欺负"坏人"），因此你的抗议和生气会产生相当程度的效果。

另外，也可采取适度的报复，不过这种报复，轻重要拿捏得准，否则会让自己良心不安，反而造成自己的痛苦，而且一不小心，被对方反咬，也会得不偿失。所以若无把握，就不要报复。

"人善被人欺，马善被人骑"，不要做受人欺负的"烂好人"，我们不必去攻击别人，但必须能保护自己。

4. 同事是不能"亲密接触"的朋友

同事关系已经成为困惑都市人的因素之一。现代女性大都在事业上竭尽全力，每天与同事在一起的时间有时会大大超过家人。在职场上奋力打拼的人们该怎样处好同事关系是职场女性所必须面临的一个难题。

同事朋友毕竟是特定环境下的朋友，与普通意义上的朋友有所不同。跟普通朋友相比，同事朋友之间往往存在既合作又竞争的关系，很多时候还会出现利益冲突。所以，同事之间切忌趾高气扬，尚且需要保持适当距离，尽量少在同事面前抱怨单位领导，指责其他同事。如果一时憋不住劲儿，非得抱怨、指责几句才能消消气儿，也要注意说话的方式。

学校毕业到参加工作，寒梅步入社会已有18个年头。在这18个春夏秋冬里，寒梅曾思考过如何处理好同事之间的关系问题，并有一些自己的见解和体会。常言道；三十而立，四十而不惑，如今的寒梅已是快进40的人了，应是“不惑”之年了。但寒梅其实至今并没有找到处理好同事关系的“灵丹妙药”，在处理同事关系时，还不是得心应手，经常讲一些不该讲的真心话，自己倒是出于一片诚心和好心，但往往效果适得其反。

一位外县同事与寒梅谈到“朋友和同事关系”问题时说到：即使再好的朋友最好也不要在同一单位。因为人有一定距离倒还亲切，不经常来往，关系还很“铁”；一旦在一个单位后，由于经常接触，原来不知道的缺点错误全暴露了，亲切感也就没有了，日久天长，互相还会猜疑，更有甚者，还会反目成仇。当然，这可能有点夸张和言过其实，但也真有可能出现类似情况。

媚是一家外企的老员工了，虽然职位不高，却很得大家的尊重。一天上司通知媚会有新同事来报到。结果当新同事凯丽出现的时候，媚一把冲上去搂住了她，大叫“你怎么在这里”。原来，凯丽和媚居然是高中同学！凯丽自然也是一脸惊奇，但她的惊奇里，显然带着几分尴尬。

那天媚一整天都很高兴，到处和同事唠唠叨叨：“我和凯丽高中时是死党，她接到情书吓得不敢带回家，还是我帮她处理的。考试时，有一道英语选择题她没做出来，临交卷时，趁监考不注意，我给她瞄了一眼呢。”

相对于媚的热情，凯丽的反应一直都很冷静，她总是安静地做完自己的工作，很少与媚在公司聊天和互动。媚认为这是凯丽的性格原因，也没多在意。

不久之后公司有了一个升迁的机会，大家都认为这次应该轮到媚了，但结果被升迁的人却是凯丽。

升职后的凯丽并没有因为媚是她的老同学而多加照顾，反而时常让媚"不好过"。比如她常常是在快下班的时候，才让媚整理当天要归档的文件；周末做报表时，又故意拖到很晚才把有关数据告诉媚，媚每次交报表都很紧张；更令媚气愤的是，她老是盯着那些和媚说话的人，转弯抹角套出她们的谈话内容，害得大家都不敢和媚多接触。

媚觉得莫名其妙，恨恨地到处骂凯丽薄情："升官了就不认老朋友了。"其实谁都明白，要怪只能怪媚自己。要知道遇到对自己的过去知根知底的同事已经够尴尬了，要是这个同事还很"大嘴巴"，自己上位之后不"封杀"她已经很客气了。

媚的错误就是把同事凯丽还当成当初的好朋友，把一些不该说的话也说出来了。有的人说我们在和同事一起做事的时候，也会和同事产生友情啊，既然产生友情，那为什么不能和他做朋友?

对，同事之间会产生感情，但绝不是单纯坚固的友情，这种感情随时会因为利益和成败破裂。或者说这种友情的建立本来就受到很多因素的干扰，不会结出一个纯洁的友情果实，或许还会苦涩。所以说，同事和朋友不能够混为一谈。

不要和同事交朋友不是要你每天冷漠地对待同事，你不可以这样做也不能这样做。不能做朋友，但是你们依然可以谈论服装品牌，一样可以分享美食，一样可以笑脸相迎。同事不需要过于亲密，却需要和睦。

如果同事已经成了好朋友，不要常在大家面前和他（她）亲密接触。尤其是涉及工作问题要公正，有独立的见解，不拉帮结派。

职场上没有朋友，更不要期望和同事成为朋友。**在职场中，我们和同事的关系似乎也和国家之间的关系一样——没有永远的朋友，只有永远的利益。**除了工作以外，私下里，自己不要跟同事过分接近；在工作中不谈个人事情，下班后不谈工作事情；不允许自己强求同事，也不允许同事把个人意志强加到我头上来；不参与对高层对同事的评价，有权拒绝对人评价。要有韧性和耐心坚持做到这几点。这样你才能有稳定的工作环境和美好的工作心情。

和同事保持适当的距离吧，这样会使你看起来更美。

5.很多时候，职场的复杂性超过战场

现代社会，职场如战场，复杂多变的人事关系中总会出现不能平衡利益的时候，而职场复杂，形形色色的人都有，这便决定了职场人际关系的复杂性和功利意识。

楚楚天生一张严肃的脸，不笑的时候、紧张的时候更显得十分严峻，同那些天生有着甜美笑容的女孩子比起来，楚楚就显得不大合算。大家都觉得这个严肃的女孩子厉害着呢，以为她的沉默是心计，她偶尔的微笑是假的。

他们部门不过5个人，楚楚的位置夹在一老一小之间。左边的小童才18岁，刚刚从学校毕业，自说自话，倒也有她的天然风采。楚楚偶尔在她电脑上瞟一眼，她立刻嚷嚷：“看什么，看什么，这是机密！”把楚楚噎得不知道怎么回击才好。她不过比楚楚早进公司三个月，按照文凭论工资，级别比楚楚还低一等，却已经很自如地差使起楚楚来。打印机的油墨用完了，小童冲口就是：“哎，你怎么不想到换一个？”饮水机在办公室的那头，她每天都要等楚楚去倒水的时候，顺便帮她带一杯过来。楚楚有点气恼，但同一个年龄、级别都比自己低的小孩子计较，显得自己很没有风度似的。出去旅游的时候，小童一会儿逗逗小狗，一会儿踢踢小马，把动物和人都弄得大叫大笑，这个活泼、毫无心机的小孩子是这个已趋老化的办公室里的开心果。大家享受她的快乐天性，坐在她旁边的楚楚却得独自容忍她天真的莽撞和无礼。她当然不能跟她计较什么，谁能同小孩子计较？

楚楚的右边是人称"严老师"的老员工，开始楚楚很尊敬她，后来发现这个严老师从业务水平到人生修养都欠缺，但人家能够在此地安安稳稳地生存到现在，总归有看不见的力量在支持她。严老师的办公桌像单位开茶话会时的布置，天天话梅、瓜子、花生、核桃仁轮番登场，很快成为午间休息时大家聚居的地方。年轻人喜欢的东西她都喜欢，年轻人犯的错误她无一漏过。比如单位外出活动，一般大家都不会去动宾馆里冰柜里的食品，可她喝了矿泉水，还拆了两包巧克力，甚至打了两个长途电话。第二天早晨结账的时候，听到带队的老张在查谁这么浪费，她像少女一样地吐吐舌头，自己觉得无比可爱，完全没有去买单的意思。

楚楚夹在这堆人中间，既没有小孩子小童天真烂漫的笑容和无知无畏的胆量，也没有老员工严老师的装嫩情结和隐约的靠山，只觉得度日如年。

幸亏后来她遇到了小美。小美年龄不大，在单位的年头很久了，不属于楚楚他们部门，但似乎无所不知，说话办事老练之极。小美像个大姐似的告诉楚楚许多办公室里的是是非非。——某某门槛很精，要注意；某某心眼很小，别在他面前乱说话。——这些是是非非，把原来就有点不知所措的楚楚弄得更加举步维艰。

直到有一天，看到小美嘴里的"好人"送小美CD口红，而小美嘴里的"坏人"却在楚楚犯小错时及时为她补台，楚楚再次糊涂了。

幸好，楚楚办事不糊涂，埋头苦干，不问是非。年余，她忽然发现，小童不敢差自己干活了，严老师常常喊她吃自己带来的新品种零食，同时，她也从别人嘴里听说，她成了小美嘴里的"坏人"。

有人说，**办公室政治是复杂的，水深水浅要趟过才知道**。如果你不幸遭遇冷箭，与其怨愤不平，不如积极以攻为守。

金牌咨询师Daniel感觉到一丝被同事们联合排挤的危险味道后，马上决定主动进攻化解危机。第一步，兵行险招。以"团队配合不好导致工作不顺利"为理由主动向老板提出辞职请求。

老板虽然受人谗言对Daniel颇有疑虑不满，但舍不得这位优秀下属独当一面的能力，更舍不得Daniel手头众多的优质客户，所以盛情挽留，还对其他同事严厉强调了“合作精神”，在Daniel暗示之下，更授予Daniel更多指挥权，让Daniel和排挤他的同事们从平级变成了事实上的上下级关系。第二步，Daniel借口做不过来扔出一个抢手客户，引起同事们互相争抢，成功拆散“联盟”，还收罗了两个同事成为“自己人”。这一次的反排挤战，自然大获全胜。

现代职场，信息流、资金流、人才流汹涌澎湃，这就愈发增加了职场的复杂性。**有识人辨事的慧眼，有敢于较量的勇气，才能游刃有余。**

6. 除非你是老板娘，否则你不能替老板拿主意

工作积极一向被人们认为是职场铁律，但有时这条铁律却遭遇挑战。职场中经常有这种现象：下属由于没有摆正自己的位置，弄得顶头上司尤其是那些心胸狭窄的上司很不高兴，在随后的工作中极有可能给自己的工作带来不便。

比如，有的员工长期在老板身边工作，深得老板的信任。这样的员工容易产生错觉，以为深受重用就消除了与老板之间的界限，从而不自觉地站在老板的位置，替老板做起主来。

虽然你的出发点是好的，是为老板分忧，也是为了维护公司的利益，但即使你做对了，老板心里也不会舒服，更不会接受这样的事情，因为作决定的应该是他，而你不过是一个执行者。

紫琳在秘书的岗位上已经干了5年了，兢兢业业，经常主动留下来加班，深得老板的赏识。这天，老板一走进办公室，就着急地对紫琳说：“糟了，还是宏大公司的产品好。上周我让你给宏大公司发传真，中止合作并将人家奚落了一顿。你快告诉我电话，我要亲自向人家道歉。”紫琳得意地说：“那个传真我没发。”老板一愣：“没发？”紫琳解释说：“我认为那个传真欠妥

当，所以我没发。”老板又问：“上周我让你发给欧洲的那几封信，你发了没有？”紫琳说：“我都发了。我知道什么该发，什么不该发。”老板一时无语，闷坐了一会儿，气冲冲地走出办公室。

不一会儿，紫琳就接到了人力资源部的电话，她被解雇了。紫琳并没有马上离开公司，而是等到老板回来。紫琳问：“难道我做错了吗？”老板说：“难道你没意识到？”紫琳问：“我错在哪里？”老板说：“办公室里有一个老板就足够了！”紫琳哭泣着离开了公司。

老板的借口看似冠冕堂皇，却切中要害。谁让你站在老板的位置指手画脚呢？

在工作中，无论你与老板的关系多么亲密，你也不要逾越与老板之间的界线，该老板决策的事情，就一定要老板拍板。有时候，即使老板不在身边，摆在面前的事情又微不足道，你完全能够处理，而且知道老板也会像你一样处理，你也不要轻举妄动。你应该及时向老板请示，得到老板的授权后再处理。

有时候，当你发现老板让你执行的决策错误时，也不要贸然指出老板不对，更不要擅自改变老板的决定，你应该婉转地说：“还有一个方案，您斟酌一下，是不是可行？”如果老板意识到自己错了，就会授权按照你的方案办；如果老板刚愎自用，非要你执行他的错误决定，你只管执行好了。等老板发现自己错了，他也不好意思找你麻烦，反而会暗地里赏识你的态度，授权你做一些重要的事情。

有些场合，如与客人应酬、参加宴会，应适当突出领导。有的人作为下属，张罗得过于积极，比如同客人认识，便抢先上去打招呼，不管领导在不在场。这样显示自己太多，显示上司不够，往往也会引起领导反感。我们在团体中，应该根据现实情况找准自己的位置，不要让自己越位，也不要让别人占据了自己的位子，这样，才能够保证团体成员间的协调合作，推动共同的事业向前发展。假如大家都找不准自己的位置，团体工作便无法协作进行。

罗小姐是一家跨国集团所辖分公司的员工，经过几年的奋斗，她现在已成为这家公司的公关部经理。一次，总公司的几位高层领导在香港举行盛大的宴会。罗小姐在商场中有着一定的声誉，正是因为自恃业绩卓越，她在一些宴会中，风头常常凌驾于香港分公司总经理之上。

宴会当晚，到总公司的高层和主管分公司的总经理致辞时，罗小姐在旁一一介绍他们出场。轮到她的上司，即分公司的总经理时，她竟先说了一番感谢词，虽然只是三言两语，但已让总公司的主管皱眉，因为她当时只负责介绍上司出场，而无独立发言权力。

在宴会的过程中，总公司主管主动与她交谈了一番。发现她在提及公司的事务时，常以个人主见发表意见，全不提经理的旨意，给人的印象是，她才是这个分公司的总经理。宴会后，分公司经理被上级邀请开会，研究他是否坚守自己的职位，是否应由公关经理代为处理日常业务。后来，罗小姐因越位，被他的上司找个借口炒了鱿鱼。

职场上，我们必须明白，处于不同层次的人，决策权限是不一样的，有些决策你可以做，有些决策必须由上司做。在我们的工作中，每一个人都有属于自己的位子。即便得意时也不可忘形，不小心把手伸到人家的地盘上，难免不受到上司的戒备，同僚的排挤。

除非你是老板娘，否则你不能替老板拿主意，的确，职场中我们应学会摆正自己的角色定位。把本职工作做好，对于超出自己工作范围的工作，即使能力足够，也不要插手，如此才能不越位、不越权，才能走出一条平稳的发展之路。

7.洞悉人性、察言观色、搞好人际

有一个年轻人，他看见在瀑布下的河边一个老者在水流湍急的河水中上下翻腾。于是，他急忙跑过去救那位老者，可是当年轻人赶到时，那个老者已经爬上岸，一边悠闲地走着，还一边哼着快乐的小曲。

在这样湍急的水流中上下翻腾，即使是对于水性好的人来说，也是一件很危险的事，更何况还是一位年纪很大的长者。这个年轻人感到非常奇怪，于是跑过去问这位老者："您在这样湍急的水流中能生存的秘诀是什么呢？"

老者说："其实也没有什么秘诀，由于水流很急，因此其力量是很大的，如果我像以往游泳那样，直接在水面上游上岸显然是要被急流吞没的。所以我就随着水流潜入，然后再顺着它升上来。在水中顺其自然，浑然忘我。这样顺着水流的方向上的岸。我能生存的唯一原因就是：摸清水的习性和特点，不与水流的强大力量相对抗。"

上面这个故事告诉人们，在不同的环境中，面对不同的人和事，要懂得观察，洞悉人性后采取不同方式来互相沟通，或是解决事情。倘若一味地墨守成规，不会灵活地随机应变，那就很难把事办成。**只有懂得洞悉人性的人，做起事来才会事半功倍。**

在一个人办事之前，要先打通人际关系，也就是先谋人。人生在世，最忌单打独斗，孤立无援，遭人排挤，遭人冷落。谋人，就是广结人缘，找到事业的靠山，建立铁杆同盟，打造稳固的后盾，"借人之为，成己之实"去创造人生的奇迹。谋人最重要的就是学会洞悉人性，知道怎么跟各种人搞好关系。

一个人生活在社会里，要是不了解人性，再能干，再有本事，也可能会活得很憋屈，很郁闷，很受伤，甚至动而见尤，欲益反损。反之，**一旦洞悉人性，就可以知时识务，察言观色，逢凶化吉，遇难呈祥，甚至可以借力打力，四两拨千斤。**洞悉人性后，一个人可以害人，也可以助己。即便无意图利，也不会因为人性的弱点而受伤，身犯险境。

黛西去某外资企业应聘。面试过程中，她通过细致地观察，发现对方的人事部主管在面试过程中不断地转着手中的笔，并且每讲三句话就要喝一口茶，而且西服也是敞开着的，并没有上扣。由此黛西进行判断，对方的性格比较开朗，不太习惯于一本正经地办事。这类人往往不喜欢死板的自我介绍和太过自信的人。

于是黛西采取了拉家常形式的自我介绍。并且临走时对那位主管说：“先生，您转笔的水平好高啊！”结果，黛西在众多的竞争者中脱颖而出，第一个被录取。

由此可见，察言观色的运用起着多么重要的作用。所以我们要学会从观察身边的人开始，注意对方的行为模式和习惯动作。掌握这些规律后再去观察其性格，然后判断出对方的喜好，尤其是细微的方面越是要仔细地观察，这样才会使你更准确地掌握对方性格，我们再来看下面一个案例。

某公司销售员胡兰与一大客户进行生意上的谈判，在饭桌上观察一番之后。胡兰通过判断得出了以下结论：此人吃相难看，一脸奸笑。结账时毫不懂得客套，由此可见，此人是贪图小利，毫无诚意之辈，不可与之合作。

显然不出所料，此人一月之后由于诈骗罪而锒铛入狱。胡兰正确准确地判断出了对方的性格，才使公司避免了损失，我们不得不说这是一种非常智慧的表现。

如果说观色犹如察看天气，那么洞察一个人的性格应如“看云识天气”般，有很深的学问。学会洞察对方的性格，对与其建立良好的人际关系与办事效率有着很大的帮助。

《孙子兵法》中有云“知己知彼，百战不殆”，以今天的环境来解释则是**“洞察对方的性格和用心，人际关系则会顺畅无比”**。

在现在的生活中，处理人际关系是一门艺术，是通向成功的台阶，是沟通心灵的桥梁。一言以蔽之，每天你接触的人是形形色色的，什么种类都有，倘若想跟大多数人都搞好关系，就要洞悉对方的性格与气质，懂得察言观色。

8. 拒绝别人不是你的错，但不懂拒绝会出大错

大多数人都拒绝过他人，也都被他人拒绝过。对一个人来讲，被人拒绝的滋味不好受，因而拒绝起别人来也是困难重重。

很多人被迫同意每个请求，宁愿竭尽全力做事，也不愿拒绝帮忙，结果搞得自己疲惫不堪。为什么我们总是继续答应呢？这可能是因为我们相信，拒绝表示漠不关心，甚至自私，而我们可能害怕令别人灰心。此外，这可能是害怕被讨厌，批评，损害友情。拒绝实在不是一件容易的事情。如今的世界，拒绝别人不得法，可能失去交情，被人误会，甚至遭人唾骂与仇视。要避免这种事情发生，不妨学几招拒绝的方法，这样就能做到拒绝得法情义在。

首先，我们应当先认真倾听对方的情况，然后再说"不"。当同事向你提出请求时，他们心中通常也会有不同程度的不好意思，担心你拒绝，担心给你带来麻烦。因此，在你决定拒绝之前，要注意倾听，请对方把处境与需要，讲得更清楚一些，自己才知道如何帮他。然后，应该对他的难处表示理解。

"倾听"能让对方先有被尊重、被接纳的感觉，在你婉转地表明自己拒绝的立场时，也比较能避免伤害他，因为他能在你的倾听中感受到你的真诚。如果你的拒绝是因为工作负荷过重，倾听可以让你清楚地界定对方的要求是不是你分内的工作，而且是否包含在自己目前重点工作范围内。或许你仔细听了他的情况后，会发现帮助他还有助于提升自己的工作能力。这时候，你可以在不影响自己的本职工作前提下，协助同事完成任务，如此，你在收获工作能力与经验的同时，又能赢得同事的友谊。

即使你帮不了他，但是"倾听"完他的情况之后，作为非当事人，可能会对他的困境看得更清楚，你可以针对他的情况，给他提出比较好的建议。这样，即使你不亲自去帮助对方，对方一样会感激你。

其次，在说"不"的时候要委婉。当你倾听之后，认为自己应该拒绝的时候，说"不"的态度必须温和而坚定。即使是炮弹，也应当裹上糖衣。即要委婉拒绝，不要严词拒绝，因为温和的响应总是比情绪化的过度反应要好。情绪是具有感染性的，严词拒绝会引发他人强烈的负面感受，所以，当你必须要拒绝他人时，就不要再以不友善的言行，在情绪上火上加油。例如，当对方的要求是不合公司规定时，你就要委婉地向他解释自己的工作权限，表示没有权力去做这件事，这违反了公司规定。在自己工作安排已经很满的情况下，要让他清楚自己目前的状况，并暗示他如果帮他这个忙，会耽误自己正在进行的工作。一般来说，同事听你这么说，一定会知难而退，再想其他办法，而不会对你产生其他想法。

再次，在表示拒绝的时候，要从对方利益出发来说明自己爱莫能助的理由。从对方的利益考虑，以对方的切身利益为借口，往往更容易说服对方。比如，同事要求你在一个不合理的期限内完成工作，与其说明你如何不可能办到，不如让对方相信这种仓促行事的做法对他而言并没有好处。这样的话，同事不仅不会怀疑你的意图，还会对你产生感激。

最后，在拒绝之后，对他的情况表示关心，最好能够提出一些建议。有时候拒绝是一个漫长的过程，对方会不定时提出同样的要求。若能化被动为主动地关怀对方，并让对方了解自己的苦衷与立场，可以减少拒绝的尴尬与影响。

当然，在你拒绝同事的时候，除了技巧，更需要发自内心的耐性与关怀，表达友好和善意是我们拒绝时最重要的原则。否则，对方一旦察觉到你在敷衍他。那么，你在同事心中的地位就会下降，你在办公室里的人际关系也会受到伤害。

感情上的事也同样如此，你身边可能会有人一直爱慕着你，无数次向你表白，可能你一直把他（她）当成知己，看作一个真正的朋友，从来没想过在感情方面的发展，却因为你不愿意伤害他（她），怕对方承受不了你的拒绝，以致使对方造成错觉，当你一旦找到真爱，他会认为你是喜新厌旧，移情别恋，因而反目成仇，更有甚者作出冲动行为，最后还是伤害了双方的友谊。倒不如当初就巧妙而明确地拒绝。

有一位打字员小姐，收到男同事的示爱信。对这位男同事，她没有任何感觉，所以看过信后，她告诉对方，自己目前不考虑个人问题。可对方相思成灾，情书写得愈发不可收拾。直到有一天，这位打字员小姐写了一封回信，对方的热情才烟消云散。

回信只有一句话：我全都为你打完了。

同这封信一道寄给对方的还有男同事的每一封情书，以及这些情书的打印稿。

这位打字员小姐在表明自己的态度后，对方仍然穷追不舍。这时她本可以采取坚决态度让对方死了心，可她没这么做。这就是她高明的地方。她最后的拒绝方式，既表明了自己坚决不予考虑个人私事的决心，又没有对对方的自尊产生伤害，通过巧妙地把对方的求爱曲解成求助，圆满地做到了既让自己心安理得，也让对方知难而退。

总之，拒绝是一门艺术，它最核心的原则就是无论用什么样的方法，一定别忘记给对方留面子，一定要让对方感受到你的真诚和善意，从而取得理解和共识。

第三章　缺少独立感的女人最没有安全感

俗话说："端别人的碗，看别人的脸色！"再甜蜜的爱情也会归于平淡，热恋过后，剩下的就是柴米油盐，如果你没有自己的半点收入，完全靠男人吃饭，他难免会给你脸色看。万一感情有变，你哪怕受尽屈辱，也叫天天不应，叫地地不灵。而独立的女人，不依附任何人，不会被他人所左右，更不会委曲求全地看别人的脸色吃饭。自己给自己坚实的保障，才最有安全感。

1. 想长久有饭吃，就不要再吃"青春饭"了

"青春饭"这个颇有些暧昧意味的词至今已不新鲜，如果一个年轻女人以身体为资本来挣钱，我们就说她是"吃青春饭"。

过去，"青春饭"的职业大多指服务和娱乐行业，而今，由于新经济的崛起， 技术人员、网络营销、经纪人、基金经理、卡通画家、设计师、时尚分析师……哪个职业不需要青春的敏感与触觉？哪个职业不需要青春的热血与创造力？崭新职业群体给"青春饭"的定义注入了新鲜的血液，使之更加具有时代特性。这些吃着"青春饭"的人们除了时尚得体的外表，同样需要靠真才实学和灵动的心，才能让青春真正飞扬起来。比如前段时间，原《足球》报名记李响，以数百万高薪转投《体坛周报》门下，轰动一时。生活中的李响是健康的，工作中的李响是智慧的，年纪轻轻的她绝对名利双收。

聪明的杨澜从事的也是"青春饭"职业，但她的过人之处是她知道吃青春饭能给她带来的好处，也知道青春饭如何能变成一座粮仓。杨澜从到中央电视台主持《综艺大观》，再到美国求学，再与吴征结婚，然后夫妻创办阳光卫视，直到成为中国著名的富有女性，是那么的短暂与顺利，这到底有什么秘密呢？

在一年之中，杨澜成了福布斯的宠女，阳光卫视刚开播就被列为"全球最被看好的300家小型企业之一"，杨澜也被评为中国内地最富有的个人中的第7名。年轻女人的成功很容易遭到轻视，何况杨澜如此的顺利，考上了好大学，找到了好工作，嫁了好丈夫，有了好儿女，非常符合中国父母给予儿女的最好前景规划。

杨澜的成功其中一部分得益于她的年轻，无论是主持《综艺大观》还是创办阳光卫视。她演绎出了一个做成功女人的道理：趁年轻把能做的和想做的都

做完，无论是成名还是成家。

青春而能“吃”，的确痛快，但它有一个局限，就是不能吃一辈子，吃着吃着人就老了。所以，就算你很讨厌学习，如果你在青春饭之后，还打算吃中年饭老年饭，学习就不能停止。

如果你只是为了手持文凭，学习可以在大学最后一门考试结束时，到此为止。但是如果你将来的目标不仅于做一个家庭主妇，恐怕一直自虐式的学习是你唯一的选择。你不学？没关系，社会会逼着你学。你不见现在几乎连扫地都要上岗证吗？青春饭是学习的大好机会，反正年轻，不耻下问。而且可以努力存钱，在青春饭与下一碗饭之间，寻找一个进修的空当。现在愈演愈火的“游学”大军，当中可有不少后“青春饭”一族。

目前青春一族的新职员们最希望公司的福利不是加薪，不是晋升，而是培训。因为现代女性明白，貌美是短暂的，职场竞争是激烈的，更是无情的。只靠天生丽质，只有放电没有充电，最终一定会被淘汰。

“不再青春”的定义不是美貌的逝去，而是指因为知识、心态和能力等原因，心理、观念、感觉呈现老态，这才是最忌讳、最害怕的。知识是有价的，美貌也是有价的。愚昧的女人如同浮在水面的一朵花，靠出卖自己的美貌，换得一碗廉价的“青春饭”，而聪明的女人知道如何追求永恒的“青春”，外秀兼内慧才是真正完美的超强组合。

女人不要吃青春饭，除了要不断学习，充实自己外，还应可持续性地“吃饭”，不要凭借年轻，透支自己的体力和精力。

其实现实生活中有不少人在吃青春饭。有这样一个电视台编导，她整天忙得像鞭抽的陀螺，最骇人听闻的壮举是，有一次为了赶一台节目，一个星期只断断续续地睡了3小时。北京奥运期间，北京电视台记者郑立、俄罗斯著名体育摄影记者尤里·贝科夫斯基和沈阳《球报》的某资深编辑工作时猝死等事件，都说明新闻工作是最典型的“青春饭”。

还有一些所谓作家，一天能码上万字，实在令人难以想象那一个个字，是怎样经过他的脑子的整齐又妥帖地排好队的。他的脑袋像个筐，一个字子弹一样"嗖"的一声打进来，又"嗖"的一下打出去。时间长了，这个筐可能要报废。因为机械的脑力劳动比体力劳动更能摧残人的身心健康。

女人的人生本来是一个不断积累、锤炼和充盈的过程，青春需要奋斗，但这种奋斗应当是可持续的，应当能使人达到一种良性循环，就像孔子那样，从"有志于学"到"而立"到"不惑"到"知天命"到"耳顺"，忙而不乱，一步步抵达"从心所欲不逾矩"的大道境界。吃青春饭的人不是这样，他透支生命，他全部的生命活力要在短短的青春时代挥发干净，一旦青春凋零，人生暗淡的冬季立即来临。

如果吃"青春饭"的女人们还不回头，还一如既往地吃青春饭，前景是非常可怕的。说了这些，你眼前是否浮现出那些因透支了青春而憔悴苍白、提前枯竭的女人呢？

2.三十年后，老太婆的账单谁还管买？

亦舒有句话，大概意思是这样的：女孩子一生中，总会有那么几年，你想要什么，男人就会给你什么。甚至你不曾想到的，他也体贴地帮你早早都安排好了。可是，过了这几年，谁理你？

你一天天年华老去，但满大街都是新鲜女孩，她们有着逼人的青春，已经没有年轻和美貌的你，拿什么和她们争？陈明真有首歌叫《变心的翅膀》，这年头，变心的翅膀满天飞，你能指望三十年后，当你人老珠黄的时候，还有男人满心欢喜地为你买单？

因此，女人一定要有谋生的手段。不要以为嫁了男人就一定有饭吃、有衣穿。男人不是你的长期饭票。没有哪条法律规定谁一定要爱你一万年。爱不爱你，肯不肯给你提供经济上的帮助是他的自由。不要被男人一时的慷慨迷乱，你要有谋生盘算。干好工作，自力更生总是好的，靠人吃饭总是气短。不是有句话吗，吃别人的饭，开饭总是要晚一些的。

聪明的女人，不会只做花瓶，这个世界不缺少美丽的花瓶。花瓶易碎，不堪一击，只能成为过眼云烟，随风而逝。另外，根据调查，大多数家庭暴力都是因为男女经济差距悬殊。当男人觉得你的一切都是依靠他的时候，还会对你小心珍视吗？

“靠山山倒，靠人人跑，靠自己最好”。一个女人只有经济上独立了，才能有地位，才能在生活中获得心理安宁。

在追忆上海的风花雪月的时候，你一定会想起张爱玲，你可能不了解另一位女人，苏青。张爱玲在《我看苏青》中说：“如果必须把女作者特别分作一栏来评论的话，那么，把我同冰心、白薇她们来比较，我实在不能引以为荣，只有和苏青相提并论我是甘心情愿的。”苏青也说：“女作家里我只读张爱玲。”

18岁的苏青出嫁了。新婚燕尔，丈夫对她宠爱有加。然而，那淡淡的浮华毕竟是不能持久的，而且很快便黯淡下来，显露出斑驳的本色。终于，在步入围城十年的时候，她离婚了。

于是有了她那本著名的《结婚十年》。正是她对自己并不美满的婚姻生活的真实描述，从中不难看出她泼辣的率真和对爱情、对自由的不懈追求。她描述了初婚的感受，写了生育的痛苦和欢乐，写了婚外恋，写了与各种男人打交道，最后写到一个千辛万苦的社会妇女的憧憬的破灭，独立入世之不易，以及在社会上始终寄人篱下的全部感受。

她在《结婚十年》中描述的生活和婚姻，也许就是你我正在经历的生活，从里面，也许每个人都能找到属于自己的影子。

离婚后的苏青，给人最深刻的印象是她的“自立”。一个弱女子，在28岁的时候离婚，凭着一支笔开辟了一片属于自己的天空。几十年之后，生活在今天的你我，是不是更要独立呢？

年轻的女人犹如一朵娇花，艳丽芬芳，吸引了无数游客的眷顾。也不知经历了多少赞赏。于是，她们做着色彩斑斓的梦。在想象中的伊甸园，自己就是那里的白雪公主。终于有一个王子大献殷勤，于是公主和她一起走了。然而，一路上风吹日晒，塑造了枯萎的面孔，岁月无情地骗走了她娇嫩的容颜。忽然，有一天她回过头来，惊讶地发现，自己没能成为公主，却成了冷宫里的皇后。女人如果不能自立自强，就是这种命运。

付出了青春、感情，到头来得到的是被抛弃的下场，无论谁都很受伤。可是，女人回过头来反省一下自己。你是不是一直在依赖男人，离了他就没有办法生活？

然而，如今还是有那么多年轻漂亮的女子，以为找个好男人嫁了，就可以保障终身幸福。于是，她们不好好上班，做什么都觉得很累，工资高的能力不够，工资低的觉得很不划算。更有一些人抱着一种非有钱人不嫁，非有权有势不爱，非车子房子票子不考虑的观念，俨然一副拜金女形象。然而，就算嫁给了理想中的有钱人，住上了宫殿似的房屋，开上了名车，手拿限量版的LV，穿着DIOR，吃着山珍海味，真的会幸福吗？当青春逝去时，你还能保证繁华场中的老公爱你如初吗？

女人啊，何苦要把自己的幸福寄托在别人身上呢？自己长手干吗呢，为什么不自己动手丰衣足食呢？如今提倡男女平等，女人们也要拿出勇气和实力来，告诉社会我们女人不需要丈夫的养活，我们凭借着自己的力量可以在社会上立足。在家庭中，自立女人也对家庭大事有一定的决策权利，毕竟在这个家中女人是贡献了力量的；如遇争吵，女人也可以挺起腰板说话，不会担心离婚了活不下去，不会为了经济上的问题和丈夫苟延残喘，委屈自己；即使嫁给了有钱人，也不会让丈夫看扁。**建立在平等之上的婚姻才有可能长久且幸福。**

还在幻想中的女人该醒醒了，不要以为现在有人肯为你付账就一生无忧了，没有谁能比自己更可靠。自尊自爱，自立自强，自我完善，张弛有度，才能让自己的天空不下雨。就是下雨了，也还有一把你的小伞握在你手里。

有些东西不在了，但有些东西永远都会在。女人啊，独立，才能更有效地保护自己。

3. 男人喜欢依赖感，但时间长了就变成反感

在我们国家，由于受几千年来“男尊女卑”“男主外、女主内”的传统观念影响，整个社会都认为女性是属于家庭的，抛头露面的社会角色不需要她们来承担。在这种因循守旧的观念影响下，很多女性一直处于一种一心依赖男人的传统意识中，这使得女性地位低下，长期受歧视，也因此形成了自卑、软弱、顺从、依赖等心里特征。

即便进入现代化传型时期，许多女性的潜意识里，依旧有这些思想樊篱存在。过分的依赖甚至会发展成一种心理疾病，也叫“依赖症”。症状是过多地将个人情感寄托在某个人或人群、某种物品上，将其看作自己的精神支柱，一旦失去可能难以承受，甚至精神崩溃。

怡红最近遭遇了一件很难过的事情，她的父亲不久前病逝了。在怡红看来，父亲做事很有主见，而母亲则是那种生性比较懦弱的人。父亲从小就对怡红非常好，从小到大都一直护送她上学，她要什么他都百依百顺。今年年初，父亲去世了，伤心之余让怡红觉得非常不习惯。这段时间，老公一直都陪在怡红身边，安慰她。渐渐地，怡红现在变得越来越离不开老公，她简直每天都要跟老公像连体人一样粘在一起，不然就会觉得很不舒服。

老公是一家软件公司的设计师，经常有出差的工作要求。可是，怡红现在非常依赖他，一天见不到他，心里就感到发慌、焦虑。

原来以为，等父亲去世对自己造成的心理创伤恢复后，也许这种情况会好一点，可是，怡红这种情形一点都没有好转的迹象。父亲去世半年了，怡红的心情也慢慢平复下来了，可对老公的依赖却变本加厉了。

只要老公出差超过三天，怡红就会闷闷不乐甚至发脾气，感觉生活没什么意思，不仅生活上是如此，对待工作她也提不起热情。老公每次出差她会特别担心。因为她没有什么说得上话的朋友，也就只有一个人独自去逛街。老公出差的日子她觉得心里空荡荡的，仿佛少了什么似的，心情也会很烦并且觉得日

子特别漫长，总不知道自己能干点什么或者做什么会让自己变得开心。

现在情况越来越严重了。如果一天没见到老公怡红心里就慌慌的，两天不见的话，真的已经是极限了。老公一出差，她就会失眠、眩晕，连白天都会晕倒在床上，每次都搞得老公不得不提前回来照顾她。

其实，怡红也知道这样很不好，但是她就是忍不住要把老公留在身边。哪怕有时候想着，我自己要独立，我不能这么依赖他。但老公一旦真的要出差，她就无论如何都受不了。为此，老公只好放弃了很多次出差的机会，包括去法国和意大利的几次业务洽谈。

不仅是依赖，怡红还变得疑心越来越重。有时候老公没有按时回家，她就会觉得很痛苦。有时候她会偷翻他的手机，看看他到底有没有做除了工作之外的事情，如果他偶尔要跟朋友出去玩，她就一定要搞清楚到底是些什么朋友，有没有异性，有没有出轨的事情。

这样一来，不仅是怡红的心理负担重，老公也变得越来越烦。怡红自己也很苦恼，她不停地在心里问自己，她这样是不是真的有点心理变态？她该怎么办？

怡红作为一个成年人，总还像个孩子般地依赖老公。希望老公能时时在身边，时时关心自己、处处照料自己，和自己一起分享快乐、分担忧患。

怡红对老公的依赖已经给老公带来了沉重的压力，他们的婚姻已经出现了裂痕。这个案例提醒我们，对老公的依赖一定要有限度啊。

其实，依赖男人的女人都是笨蛋，本以为这个做作的举动能赐予男人强大的机会，可经常这样做的话，那男人就真当她弱了，感情好点的会把女人当没能力的孩子，她做什么都不放心，自然什么都要过问，不但信任减少，控制欲就这样养成了。感情糟糕的，干脆直接鄙视：你怎么什么都靠我呀，笨得要死。

独立的女人是不依赖男人的，她们有自己的生活空间，精神追求，即使不赚钱，也能和男人平起平坐。

在一对老夫少妻家，老头是美籍华人，他老婆曾经做过演员，结婚后彻底与演艺圈告别，在家成了全职太太，带三个孩子。可她完全没有黄脸婆的架势，即使在家也很注重举止。她事情很多，早上跑步，送孩子去上学后她去学柔道，下午回家做家务，然后出门，到咖啡馆看会书和报纸，再回家做饭，晚上还要写写东西看看碟，她说："我忙得很，家里什么都是我做主，先生什么都不干涉，钱他也不过问，都由我安排，我们很平等。"他们之间互相尊重，相互夸奖，完全看不到养家的男人趾高气扬的样子。

这就是相互的反射，这女人有自己的空间，自己的生活方式，她是独立的个体，而不是附属品，不需要早请示晚汇报。她也很自信，精神世界丰富，重要的是成熟，她说，女人不一定非要用钱来证明自己独立，这样反而证明没安全感，我们是夫妻，是一家人，谁去赚钱都一样的，把自己位置搞清楚就好，分工不同而已。

女人要独立并不代表要赚多少钱，但一定要有自己的价值，把自己过自信了，才有资格要求别人，不然没一点说服力。

有依赖倾向的女人，努力克服你的依赖心理吧，学会独立地思考问题，学会丰富自己的生活内容，培养独立的生活能力，形成自己独立的人格。只有这样，你才能赢得男人的尊重。

4.即使没有事业也要有份工作

很多女人绝对认为：结婚是两个人的事儿，但挣钱是一个人的事儿。老公在外挣钱，老婆在家花钱，是最理想的生活模式。女人干得好不如嫁得好，女人只要找个好老公，就能得到幸福了。然而现实中的酸甜苦辣一言两语又怎能说得清呢！

有一个女孩叫芳芳。芳芳年轻时非常漂亮还非常有才，她上大三时和她的同班同学一个来自农村的小伙子相爱了。大学毕业时，芳芳经过多方努力帮男朋友留在了城市。毕业后他们就结了婚。芳芳毕业后分到大学里教书，她老公在一个外企工作。一年后他们有了一个可爱的女儿。芳芳自从有了女儿后，就把所有的精力都放在了家里，工作排在了第二位。她的老公不用操持家务，由于工作很出色被公派出国了。老公出国后就跟芳芳说："你别上班了，在家照顾孩子吧！等我在国外拿了绿卡就接你们娘儿俩一块出去。"芳芳果然辞了职。在家等了三年，却等来了一纸离婚协议书。后来芳芳在家一直照顾年迈的老父和幼小的孩子，每月靠着老父亲的退休金维持生活。她每次见到我时总是说："我爸爸要是将来走了，我可怎么办呀？我十几年没上班现在都脱离社会了！"

央视著名主持人鞠萍曾说过："女人一定要有自己的事业，千万别失去独立性！"她为职场女性讲出这个肺腑之言，她说，女人之于工作，就像之于生孩子，孩子是对丈夫爱的延续，"生孩子不光为了自己，夫妻的爱经过一定时间后，肯定有一定的转移，孩子就正好很好地承担了起来。"但是，女人不要像尼采说的那样崇拜孩子，把自己的全部——乃至牺牲生活、工作——完全交给孩子。鞠萍也不赞同女性把自己的全部奉献给家庭，当"全职妈妈"，失去个性。女人一定要有自己的追求，有一份属于自己的事业。

有这样一位大姐，姓刘，祖籍湖北，大专学历，1992年只身离家独闯深圳，在家时的婚变几乎让她痛不欲生，不得已选择逃避，从此不敢涉足感情，在深圳几年埋头苦干，努力工作，终于走入了"女强人"行列，成为一家中外合资企业的财务经理，所谓春风得意，事业有成，随之而来的就是接连不断的"求爱信"，然而，她皆是无动于衷，曾经受伤的心至今还在滴血，又怎敢再去轻易尝试。可是，就在这时，一位香港籍黄姓男士用他的炽热与真诚敲开了她紧闭的门，从此，她的生活不再平静，内心不再是一潭死水，平静的心开始泛起感情的涟漪，曾以为再不复有，然而……尽管她还是防备心很强，可当面对他时，不得不承认他的优秀、能干、可靠与稳重，终于，她成了他感情的俘虏，再一次小心翼翼、提心吊胆地结了婚，并在深圳买了一套房子，从此老公帮她辞掉工作，要她一心一意在家做贤妻，小日子过得美满温馨，然而，好景不长，半年还不到，她老公就已开始深夜才回家，甚至不回家，听闻在外又有了一个所谓的女朋友，她好悲痛、好伤心、好难过、好后悔，她说最后悔的是不应该把以前的那份工作辞掉，女人应该有自己的事业，才是最明智的。

刘姐的遭遇再次让我们深刻了解到，**千万不要依靠男人，要有自己的事业。**

女人一定要有一份工作，有稳定的收入，只有经济上的独立才能保证人格的完整。不要听信男人的话，说什么“你在家享福，我来养活你”，当他把钱放在你手上时，你会觉得他像在施舍一个乞丐，你一点尊严都没有。不要梦想做贤妻良母，宁愿让他抱怨你“衬衣领子没洗净，菜烧得又咸了”，也不要包揽全部得家务。不要看他一回来，就给他拿拖鞋，倒茶水，奉上一日三餐，把他伺候得像个少爷，这样你就会沦为偶尔和主人有几次性生活的保姆。他不会怜惜你，宠爱你，而是心安理得地接受你的服务。一定要让他分担家务，让他明白，家是两个人的，不是什么都该妻子来做。

作为一个女人，工作可以满足自己的需要，在有经济的基础上才有爱情的存在。自己买的胭脂水粉更适合自己，自己买花戴也更千娇百媚。我们都已经不是十七八岁的小孩子了，放松时可以通过韩剧和《流星花园》做做白日梦，但要学会生活，还得遵循亦舒师太的教导——爱情需让位给面包及自尊。女人应当独立，一定要有份工作，心态可以如同灰色阴天，但做事态度一定要如艳阳天。

在“白头偕老”已经快成为神话的现代社会，女人拥有一张长期饭票的几率越来越低。女人如果有工作，为没有依赖的日子做好准备，命运完全可以掌握在自己手中。

女性必须认识到，白马王子早就绝迹了，而且职场不是一个公平竞争的地方。**女人无法在厨房中要求独立，有自己的工作才是追求独立自主的基础。**

5. 强大的女人不会做男人生命中的插曲

如果确定目前正在经历的只是自己生命中的一段过往，早晚会结束，也要让自己走得更优雅一点更干脆一点。这个世界上，没有谁失去了谁就活不下去，就算是失去了，也要让自己保留高傲的自尊。不要等到最后，才发现自己只是别人生命中的一段插曲。

在学校被称为校花的晶晶，在结婚后就将自己的幸福完全托付给丈夫。但是，结婚仅仅三年之后，晶晶就面临着离婚的困境。晶晶没有工作,丈夫自然经济压力很大：要养两个小孩,家里要开销,女人要过上好日子，当男人被压得喘不过气的时候，只有提出离婚。

晶晶感到就像世界末日一样，哭着说不要，离开你我怎么生活，不为我想你也要为两个孩子想。但无论怎么说，丈夫还是离开家乡广州去了深圳。没有了丈夫的晶晶不知道日子怎么过下去，只好借钱带着孩子来深圳找丈夫，告诉他只要你不跟我离婚，过普通人的生活就行，我什么都听你的。实际上，晶晶并不想这样。但是，她没有工作经验，深圳开销太大，节奏太快，家里还有两个孩子准备上学需要一笔钱，借钱租房住这里又是不可能的。如果回家乡，身边的男人可能日后永远不再属于自己……除了哭、除了求丈夫之外，晶晶不知道还能做些什么。

卡米尔·克洛岱尔，罗丹的情人，一名法国天才女雕塑家。她以其野性的意志，一腔热忱，奋不顾身地投入到雕塑与生活的双重冒险之中，历经半世坎坷，一生怨恨，有着一种不同寻常的命运。巧夺天工的雕像印证了她的艺术成就，精疲力竭使她从与罗丹缠绵悱恻却又波折四起的交往中解脱出来，而“余下的仅仅是缄默而已”是她写下的人生全文的结语。

她的悲剧应该从她成为罗丹的学生就开始了。没多久，她就陷入与罗丹充满激情的爱恋中。不久，他们开始同居，她的才华和创造力影响了罗丹很多作品，她也同时从罗丹那里学到不少技巧。在两人共同生活、工作的十年期间，两人在艺术上都取得了很大的进步，他们的创作都大放光芒。他们两人在情感和艺术上的结合，在西方雕塑史上缔造出了近乎完美的作品。

两人的感情变故是从她怀孕那刻开始。出于弱势个体的本能，她需要全部占有男人，这样她的生命之花才会在完全属于自己的土地上恣意开放尽情绚丽。但是，男人不会因为拥有玫瑰的绚丽而放弃百合的馨雅。终于，卡米尔发现罗丹不能把所有的感情专注于她一个人身上，所以要求罗丹作出选择，罗丹不能割舍已有的家庭和不断长大的儿子，也许更重要的是他的名声……悲剧就此发生。

作为一名艺术家，卡米尔不允许自己的生命和情感出现疤痕，甚至在完美和生命之间，很多艺术家都义无反顾地选择了前者。她离开了罗丹，自己也陷入深深的痛苦中，并且越来越走向偏执，终于向上一条不归路——她患上了精神分裂症。1913年到1943年，漫长的30年，卡米尔把自己的才华和爱情葬送在了疯人院。

作为一名女人，当你对卡米尔的命运深感惋惜时，是否也有这样的感悟：女人，无论怎样都不能失去自我。

女人不应该是某个男人的附属品，女人即使没有爱情的滋润，仍然可以活得自在而辽阔。女人不应该为不爱自己的男人流泪，更不应该为他的承诺而用一生去守候。无论何时、无论何地，女人都要相信自己，不依赖男人也能活得很好。在倡导不断追求自身价值的今天，女人应该在婚姻之外寻找更加独立的事业和人格。**婚姻不应再是你生命中唯一重要的选择和归宿，工作才是女人成功和独立的基石。**

工作不但会给你带来收入，让我们不依赖于男人，更能体现个人在社会上所存在的价值，工作中的女人是美丽的，有了工作就有了自己的人际圈子，有自己的空间和自由。如今的社会，女人的地位就是因为可以和男人一样有自己的工作和收入才提高的。如果女人不出去工作，也不在家用心教养好自己的孩子，这样的女人是可悲的，也是脆弱得不堪一击的。一旦老公的事业发生变故，自己无挣钱的能力会很惨。就算老公的事业一直风顺，可他在外面看到的女人远远胜过你的气质和涵养，总有一天会看你左右不顺眼，由于看待事物的观点不一致，人生价值观不能统一，烦恼争吵会源源不断，一旦婚变无处可逃。如果有自己的工作和事业，又培养好了孩子，不管发生任何变故，你依然可以优雅体面地生活，不受任何人控制，还可以尽享天伦。

所以，女人不管在什么时候，都不要失去了自我，爱情谁都需要，但是自尊更重要。对心爱的男人撒娇是一种情趣，但是对负心的男人就没有必要去撒野了。如果他已不再爱你，那就勇敢地说声分手吧。离开了他，你依然是你自己。

6.你不是贵族，但可以活得高贵

人们往往认为，好女人应该朴实、朴素、节俭持家，可是，女人的年轻时光毕竟是有限的，如果你一味平凡地活着，等到青春逝去的时候，难免就会感慨自己错过了很多东西。宠爱自己、让自己活得高贵一些，才是让你幸福的真谛。

美丽、骄傲、矜持、可爱、高贵的公主，大概是每个小女孩都会梦想的角色，同样也是每个男人的梦想。女人，应该为了自己的尊严保持一种高贵的矜持。女人的高贵并非指的是出身豪门或者本身所处的地位如何显赫，而是指心态上的高贵。生活中男人可以是女人的护花使者，但女人本身要给男人提供一种信心。这种信心就是让男人放心，而且乐意为她付出一切。气质高贵而又有女人味的女人往往会给男人生活的信心和勇气，因为她们生命里潜存着一种净化男人心灵、激励男人斗志的人格魅力。现代女人要做到不媚俗、不盲从、不虚荣，自然少不了要有这种高贵的气质。

Daisy，是一种单叶雏菊，有着细小的花瓣和纤细的枝叶，花语是"纯真"，然而它也是郭婉莹的英文名字。郭婉莹，上海永安集团郭氏四小姐，1909年在悉尼出生，天生娇美。在她6岁的时候，他们家应孙中山先生的邀请搬回了上海。然而，这个6岁的中国小姑娘却不会讲一句中文。

22岁的她订完婚，就去了北京，住在未婚夫家调养身体。一个30年代富家美少女眼看就要变成窈窕少奶奶了，可是就在那时她发现了燕京大学。为了追求丰富的知识和自由，她毅然选择放弃婚姻，走进燕京大学，做了一名主修心理学的学生。

未婚夫听闻消息后，立马从美国赶回，用枪指着她的头，威胁她如果不嫁就杀掉她。Daisy意志坚定地说："你不杀我，我不会跟你结婚。你杀掉我，我更不可能跟你结婚了。"未婚夫听完又要杀自己，Daisy坚决地说："你现在老实回家去，只不过是不能跟我结婚，但还可以好好活着啊。你若是自杀，就永远不可能结婚，而且你的整个生活都就不存在了。"

未婚夫以死相逼，Daisy都坚持要解除婚约。她一直都是执著的，独立的，高贵的，一直都是。

后来，她经过千挑万选，最后选择了清华大学毕业的一个聪明倜傥、招人喜爱的男子做丈夫。他出身书香世家，林则徐的后裔。结婚照片上，身披婚纱的她有着天使般美好的笑容，像手中怒放的花蕾一般圣洁高贵。她的脸上看不到丝毫生活的磨砺与淘洗，她一直坚持自己的主张，有分寸，有尊严，有盼望。生活按部就班却又惊喜不断。那是一副值得羡慕的神情，因为没有几个女孩能够在婚纱照片上不带任何的忧伤，但是她可以。

但是，婚后不久，丈夫还是背着她跟别的女人在一起了。她一直沉默着。有一天晚上，Daisy在朋友的陪同下敲响了一位年轻寡妇的门。门开后，她站在门外，微微昂着头说："请让我的丈夫出来。我带他回家。"可想而知，她拥有一种怎样的淡定。

"文革"来临时，她丈夫早就去世了。显而易见，优雅高贵的郭家大小姐，在"文革"中会有什么样的际遇。她用那白皙的手指，挖着坚硬的河泥，抚养一双儿女。她不再能骑马、弹钢琴、打网球，不再穿做工精良的旗袍、裙子，不再坐在豪华的餐厅吃西餐，但是"粗服乱头，不掩国色"，一切都不会改变她的优雅和品位。

晚年的时候，这位骄傲坚强的郭家四小姐坚决否认儿女对她有赡养的义务。究其一生，她都没有成为别人的负担。90岁时，她静静地离开了。

她的挽联上写着"有仁有忍，大家闺秀犹在；花开花落，金枝玉叶不败。"

这才是一个真正的大家闺秀，一个高贵的公主。

女人在任何时候都不要忘记有分寸有自尊地活着，不要丢掉了你自己的尊严。你可能不是生而高贵，但却可以让自己活得像个贵族。《罗马假日》中奥黛丽·赫本饰演的安妮公主，这么多年来征服了无数的男人。而一部《茜茜公主》也风靡中国，罗密·施奈德将公主的活泼俏丽高贵演绎得出神入化深入人心。于是大家都有了共识，女人应该似公主般矜持高贵。

也许你并不出生于名门贵族，也许你并不拥有天仙般的美貌，但是这都不妨碍你活得高贵。**女人最重要的是气质，矜持、从容、优雅，神秘，这些美好的气质可以帮你变成高贵的公主。**如果你能够在后天的修炼之中，让自己一步步变得更有气质，那么你也可以成为一位高贵的公主。高贵地活着，在别人眼中也许是败家的"坏女人"，但是真正品尝到其中幸福的，是你自己。

7.女人欠缺的不是能力，而是自主的勇气

女人的一生如果只有80年，倘若我们在睡眠中消磨1/3的时光，那么，实际可以用来行动的时间，不过是56万小时罢了。而如何运用这56万个小时，全看你自己决定。因为这是你自己的人生。只能过一回的人生，只有56万个小时可以运用，所以每一分、每一秒都弥足珍贵，都要为自己而活，不容浪费。

女人的一生都会有梦，或是理想、目标，自然而然就会为了它发挥最大的心力去达成，那是人性发挥最大光辉的时刻，这是一个"自己选择自我生活方式的时代"，每个人的人生，就如同每个人拥有的一块梦田一般，用它来种什么？全看你自己。

随波逐流型女性对周围朋友的事和自己的工作、生活无所谓，任其自然发展，什么事情都不会过于在意，一切顺从天意。从性格上看比较随和，虽然有时表现得很精明，但就是懒得去实践。这样的女性容易认同别人，从而容易上他人的当。这是对自己人生不负责任的态度。

其实，只有你自己才能改变自己的生活，主宰自己的人生，才能发掘出自身更多的潜力，做更多的事情，成为你想成为的人，过上为自己设计的人生。

玛丽·克劳莉的母亲在她出生刚18个月时就因肺炎而不幸去世，可怜的小玛丽被祖母领到一个农场。在农场里，小玛丽没过上一天舒心的日子，她小小年纪就开始做杂事，一直干到15岁。

玛丽的童年是在孤独之中度过的，她受不了孤独感的折磨，渴望有人来关心她、支持她，因此她早早地就找了个丈夫。可由于草率成婚，这个匆忙建立起来的家庭没过多久就彻底破裂了，她不得不一个人承担起抚养两个孩子的义务。尽管她找到了一份工作，可那点微薄的工资又哪够维持一家人的生活呢？

玛丽开始忧虑起自己将来的命运。她反复问自己，她是只配做个含辛茹苦地拉扯孩子、斤斤计较每一分钱的小人物呢？还是能成为自己的主宰？当她明确了自己的选择后，做出了决定：她决定要改变目前的窘境，要超越现在的自我。

于是，她进会计班学习，并寻到一份好工作。白天她整日工作，晚上就去南麦塞德恩特大学上课，即使周末也不休息。

直到有一天，当玛丽发现自己对家庭装饰比较喜欢时，她就辞去了会计工作，把活动阵地移到了自己家里。她把家里布置得很漂亮，并且经常举行各种聚会。当活动进行到高潮时，她亮出各式各样的商品，然后向在场的人兜售，无疑，此举获得了成功。接下来，她成立了一个家用百货进口公司。不久，她又创建了家庭装潢和礼品有限公司，使自己跻身于商界。她的人生开始了新的篇章。

现在，玛丽的公司雇有两万多名销售代理人，遍布于美国的49个州。她还鼓励并出资培训了不少妇女从事商业活动。不用说，她的收入相当可观，足以支付她的任何花费。不论是从事大的事业，还是安享快乐的家庭生活，对她来说都不是什么可望而不可即的事情了。

玛丽成了各种团体追逐的物件：许多社团组织都请她去演讲，好几个董事会挂着她的头衔，她还是第一位进入达拉斯商会的妇女。而玛丽之所以会取得这样的辉煌成果，就在于她在极其困难的条件下不甘自生自灭，决心要改变自己的生活。

相比之下，既然玛丽能改变自己的生活，你为什么不能？行动吧！**激发你自己身体的无限潜能，做你命运的主宰者，你一定能改变自己的生活，主宰自己的人生。**

女人也不能一味地追随着男人的脚步，女人也应该拥有自己独立思考的空间。工作不仅能增加你的视野，也能让你的人生多姿多彩啊。你可以不靠任何人，自己有能力照顾和养活自己，你也可以在工作中找到快乐，充实自己的人生啊。

女人欠缺的不是能力，而是自主的勇气，牢记你的梦想，拿出行动的勇气，你一样可以拥有成功！

8. 找到适合自己的人生目标，然后重新上路

几个人在岸边垂钓，旁边几名游客在欣赏海景。只见一名垂钓者竿子一扬，钓上了一条大鱼，足有三尺长，落在岸上后，仍腾跳不止。可是钓者却用脚踩着大鱼，解下鱼嘴内的钓钩，顺手将鱼丢进海里。周围围观的人响起一阵惊呼，这么大的鱼还不能令他满意，可见垂钓者雄心之大。就在众人屏息以待之际，钓者鱼竿又是一扬，这次钓上的是一条两尺长的鱼，钓者仍是不看一眼，顺手扔进海里。

第三次，钓者的钓竿再次扬起，只见钓线末端钩着一条不到一尺长的小鱼。围观众人以为这条鱼也肯定会被放回，不料钓者却将鱼解下，小心地放回自己的鱼篓中。

游客百思不得其解，就问钓者为何舍大而取小。

想不到钓者的回答是："喔，因为我家里最大的盘子只不过有一尺长，太大的鱼钓回去，盘子也装不下。"

用世俗的眼光看，垂钓者的做法很愚蠢，但实际上却体现了一条重要的生活禅理：设定适合自己的目标，不为利所诱惑，才是真正的钓手啊！**人生也是一样，找到适合自己的目标非常重要。否则，将永远会挣扎于不满意的情绪之中。**

女人的人生也一样，找到适合自己的目标非常重要。否则，也将永远挣扎于不满意的情绪之中。一个女人要想在工作和生活中获得成功，做一个职场丽人、魅力女人，就必须有一个切实可行、看得见、摸得着的工作计划，为自己量身定做适合自己的目标，有了切合实际的目标，才有可能走向成功。

我们的人生如果没有针对自己的目标，或是看不清自己的目标的时候，会出现怎样的情况呢？有一个真实的例子，说明一个人若看不到自己的目标，就会有怎样的结果：

1952年7月4日清晨，加利福尼亚海岸笼罩在浓雾中。在海岩以西21英里的卡塔林纳岛上，一个34岁的女人涉水进入太平洋中，开始向加州海岸游去。要是成功了，她就是第一个游过这个海峡的妇女。这名妇女叫费罗伦丝·查德威克。在此之前，她是从英法两边海岸游过英吉利海峡的第一个妇女。

那天早晨，海水冻得她身体发麻，雾很大，她连护送她的船都几乎看不到。时间一个钟头一个钟头过去，千千万万人在电视上注视着她。有几次，鲨鱼靠近了她，被人开枪吓跑了。她仍然在游。在以往这类渡海游泳中她的最大问题不是疲劳，而是刺骨的水温。

15个钟头之后，她被冰冷的海水冻得浑身发麻。她知道自己不能再游了，就叫人拉她上船。她的母亲和教练在另一条船上。他们告诉她海岸很近了，叫她不要放弃。但她朝加州海岸望去，除了浓雾什么也看不到。几十分钟之后——从她出发算起15个钟头零55分钟之后，人们把她拉上了船。又过了几个钟头，她渐渐觉得暖和多了，这时却开始感到失败的打击。她不假思索地对记者说："说实在的，我不是为自己找借口。如果当时我看见陆地，也许我能坚持下来。"人们拉她上船的地点，离加州海岸只有半英里！

后来她说，真正令他半途而废的不是疲劳，也不是寒冷，而是因为好在浓雾中看不到目标。查德威克小姐一生中就只有这一次没有坚持到底。两个月之后，她成功地游过了同一个海峡。她不但是第一位游过卡塔林纳海峡的女性，而且比男子的纪录还快了大约两个钟头。

查德威克虽然是个游泳好手，但也需要看见目标，才能鼓足干劲完成她有能力完成的任务。因此，当我们规划自己的成功时，千万别低估了制定可测目标的重要性。

所以，无论你是驰骋于职场的女强人，或是勤于持家的全职太太，还是专注理财的时尚女性，都需要一个适合自己的目标和计划，否则你将一事无成。

一个女人没有适合自己的人生目标，她的人生将是盲目而被动的，她不知道自己要什么，总是与机遇擦肩而过。**没有适合自己的正确奋斗目标的女人，就如同漫无目的、不知玩什么好的儿童一样，总是撅着嘴。**

另外，只有基于现实的目标才有可能实现，才会成为你前进的动力。

有这样一则寓言故事：曾经有人养了一头驴和一只哈巴狗。驴子关在棚子里。虽然不愁温饱，却每天都要到磨坊里拉磨，到树林里去驮木材，工作繁重。而哈巴狗会演许多小把戏，颇讨主人的欢心，每次都能得到好吃的奖励。驴子在工作之余难免有怨言，总抱怨命运对自己太不公平。一天，机会终于来了，驴子挣断缰绳，跑进主人的房间，学哈巴狗那样围着主人跳舞，驴子又蹦又踢，不仅撞翻了桌子，还把碗碟摔得粉碎。驴子觉得这样还不够，它居然趴到主人身上去舔他的脸。这下可把主人给吓坏了，直喊救命。邻居听到喊叫急忙赶到时，驴子正等着奖赏呢!没想到等来的却是杀身之祸。

在这则寓言故事中无论驴子多么忸怩作态，都不及小狗可爱，甚至还不如从前的自己，毕竟这不是它所能干的行当。也就是说驴子想达到的目标并没有很好地跟自身的特长结合，试想，驴子的特长是低头干活，可它非要去学哈巴狗的可爱，它非但没有讨到好处，相反的却很有可能找来的是“杀身之祸”。

任何适合都不要放弃自己，即使你失败了，也不必唉声叹气，找到适合自己的目标，在努力后就一定能取得理想的结果。

第四章 “压力山大”时，你如何hold住？

当今社会，女人跟男人一样打拼，一样竞争，做着同男人一样高强度的工作，还要负起照顾家庭的责任。面对这样强大的压力，你能hold住吗？我们该如何既做好贤妻良母，又工作出色呢？本章会帮助我们学会与压力和平共处，让我们更加美丽自信。

1. 一个女人幸福的前提是，内心要无比强大

身为女子，无论家境好坏，学历高低，外表美丑，生活在这个复杂纷争、瞬息万变的世界，我们最重要的一点就是要学会外表柔弱，内心强大。内心强大的女子，就算她的人生遭遇坎坷曲折的变化，相信终将会有柳暗花明的一天。她会有自己的思想、见解，不会受制于某个人、某件事或某种命运，她的灵魂自然会找到归宿。

或许，你叹息自己没有美丽的容颜，话说：姿色是女人的事业，事业是男人的姿色。可是，你只看到美女身上的光环，却不知她心底的苦闷。香港明星张柏芝是个大美女吧，有几个女人敢与她相提并论，可如今她照样跟谢霆锋闹离婚焦头烂额，按理到她这种登峰造极的境界，应该是享不尽的幸福了，却不知婚变愁煞美人心。情场多变幻，古今此难全。当然美女比普通女子享有更多的优越感，容易得到自己想要的东西，可是，上帝是公平的，它在打开一扇门的时候，同时会关掉另一扇窗。美丽的女子，因为美貌也会带来很多麻烦和骚扰，其实她比姿色平平的女子在生活中有更多的烦恼，在得到恩宠的同时会有更多的牵绊和顾虑。话说：再丑的人也会结婚，再美的人也会单身哦。

所以，在现实生活中，只要同是女儿身，我们就要让自己努力做到内心强大。可内心强大主要体现在哪些方面呢？

首先，我们要保持一个积极乐观的好心态。人生不会朝着我们预定的轨迹发展，漫长的一生会有很多意想不到的变故，学业、事业、身体、爱情、婚姻、家庭都会有风云突变。只要我们有个好的心态，无论发生怎样的变故，我

们都会冷静面对，重新思索接下来的人生旅程，这是智者的行为。不要沉湎于过去的喜乐悲欢，尽快解脱出来，过去就让它成为历史，我们永远只有今天和明天。别让有限的生命消磨在无谓的冥思苦想里。学会幽默，学会寻找生活中点点滴滴的快乐并储存起来，分享给身边的亲人和朋友，好善乐施，永远为你的女性魅力加分。

其次，女人一定要有自己喜欢的工作。工作不但会给你带来收入，让我们不依赖于男人，更能体现个人在社会上所存在的价值，工作中的女人是美丽的，有了工作就有了自己的人际圈子，有自己的空间和自由。当然有很多女人因为嫁了个有钱的老公可以不工作，或者老公不让她出去工作，但这样的生活女人不要贪恋，这样的男人也是自私的，如今的社会，女人的地位就是因为可以和男人一样有自己的工作和收入才提高的。如果女人不出去工作，也不在家用心教养好自己的孩子，这样的女人是可悲的，也是脆弱得不堪一击的。一旦老公的事业发生变故，自己无挣钱的能力会很惨。就算老公的事业一直风顺，可他在外面看到的女人远远胜过你的气质和涵养，总有一天会看你左右不顺眼，由于看待事物的观点不一致，人生价值观不能统一，烦恼争吵会源源不断，一旦婚变无处可逃。如果有自己的工作和事业，又培养好了孩子，不管发生任何变故，你依然可以优雅体面地生活，不受任何人控制，还可以尽享天伦。

最后一点，女人一定要有自己的兴趣爱好。可以是体育，也可以是音乐或文学等。有了自己的兴趣爱好，才可以让自己有快乐的业余时间，也会找到与自己志趣相投的朋友和伙伴。就算到了年老的那一天也不会孤单寂寞。有三五个趣味相投的朋友偶尔聚聚谈心，交流，出去旅行。平时空闲的时候有自己的特长爱好，可以打发寂寥的时光，扩大自己的交友圈子，享受无比的快乐，既陶冶了性情，又净化了心灵，你会觉得生活是多么美好。你永远不会感到绝望，因为你的灵魂有了自己的归宿。

总之，如果一个现代女子能够把自己修炼做到以上三点，至少会成为一个内心强大的女子。她不会时常抱怨命运的不公平，也不会渴求上帝的恩赐，她会从容淡定，自然随心。任世界风云变幻，任他人闲言碎语，她会有自己的生活方式，不随波逐流，不攀龙附凤。因为她知道自己有足够的信心和能力让自己快乐，同时带给别人快乐。

女人时刻要明白，你是撑起自己的唯一，只有你自己真正精彩起来了，那才是真正的精彩和强大；如果你无法将自己撑起，那么别人是永远撑不起你的，哪怕是你的爱人，要知道再伟大的爱情也不可能强于自己的内心世界。

女人，人生虽有那么多无奈，请还是从容优雅地对待生活吧！

女人，请记住，世界如此险恶，我们一定要内心强大，这是我们幸福的前提。

2. 害怕困难，是因为你还没有足够强大

困难在我们生活的中无处不在，害怕困难，是因为你还没有足够强大。努力拼搏，增强自身的力量，你就会增加克服困难的信心和勇气，从而战胜困难。

吕燕是个好强的姑娘，"困难像弹簧，你弱它就强"小学老师反复强调的这句名言是她的人生信条。

2000年6月的某一天，大都会的一位工作人员到中国出差，大都会是一家世界著名的模特经纪公司，它曾培养出像克劳迪亚·希弗那样的世界名模。那位工作人员上飞机前在北京新侨酒店休息时发现了吕燕。他问吕燕想不想到巴黎发展。那时的吕燕在国内模特圈虽小有名气，但她觉得自己并没有什么成就，用她自己的话说，那些已经在国内取得成绩的名模对此可能会犹豫，会患得患失，万一到了国外发展不好，就鸡飞蛋打。但她觉得她本来就没有什么，失败了也没有什么，但说不定就成功了呢？况且能到国外特别是巴黎这样的时装之都发展，绝对是一个很好的机会。于是，6月17日，吕燕便到达巴黎，住

在巴黎文化发源地——圣路易岛上。

第一次到达这个陌生的国家、陌生的城市，陌生的人群、陌生的生活习惯、陌生的语言、陌生的作息，吕燕有点焦躁不安，但她并没有打退堂鼓，决定通过努力尽早适应在巴黎的生活。于是，她到巴黎第一天的工作就是拿着一张时间表、一张地铁线路图及自己的造型相集与巴黎最著名的记者见面。当时，吕燕并不认识一个英文单词，但她有勇气拿着一个快译通到了人地生疏的法国，开始了在巴黎的模特之旅。也是凭着这本快译通，吕燕走遍了巴黎的大街小巷参加面试，甚至，打国际长途回国内请教朋友英语发音，然后，再去问路。在吃饭的问题上，由于刚开始时语言交流障碍，买鸡蛋是最简单的，所以她买了很多鸡蛋吃，吃了好几天鸡蛋后，就能够顺利买其他商品了。最终，凭着执著、勇气和微笑，她终于为自己在这个时尚之都打开了一条路。短短几个月，吕燕引起了世界最著名的时尚杂志《VOGUE》的注意，为杂志拍摄了许多照片，参加了著名时装品牌CHRIS－TIANDIOR及LA－COIX的时装表演。在很短的时间内，吕燕在巴黎时尚圈内名声大噪，成为红极一时的国际名模。

吕燕的倔强使她变得越来越强大，没有什么困难能阻挡她前进的脚步。她用自己的坚持和执著赢得了成功，成为了一颗耀眼的新星。

在靠本事、凭能力来立足的职场，女人更难免遇到这样那样的困难。但只**要你拥有实力，拥有勇气，你就能冲破阻碍，获得成功。**

梅芳所在的公共关系部原定只有5人，现在已经有6个，注定有一人迟早被裁，加上部门经理位置一直空缺，如此便导致了内部斗争日益升级，发展到有人挖空心思抢夺别人的客户。

梅芳不喜欢这样的氛围，她只知道老老实实做事，甘当人人背后称道的无名英雄。她始终默默无闻，只管付出不问收获，出了名的逆来顺受，也理所当然地成为被裁掉的最好选择。尽管论学历，论工作态度，论能力和口碑她都不错，但梅芳从来没有好好地在老板面前表现过，老板也一直以为她只会闷头做事，没有什么出众的地方。

接到人事部提前一个月下达的辞退通知之后，梅芳好像当头挨了一记闷棍，她半天也没回过神来。她怎么也没想到，自己两年多的努力不仅没有得到承认与尊重，反而被裁，她实在有点不甘心，她要通过自己的努力让大家重新认识自己。

有一天，一个和公司即将签约的大客户提出要到公司来看看后再签约，一旦和这家大客户签下长期供货合同，至少半年内全公司衣食无忧。这家客户是一家大型合资企业，同来参观的人中有几个是日本人，并且还是这次签约的决策人物，这是公司没有想到的。见面时，因双方语言沟通困难，场面显得有些尴尬，就在公司老板为难之际，梅芳不失时机地用熟练的日语同日本客人交谈起来，给老板救了场。梅芳陪同客人参观，相谈甚欢，她凭借自己良好的表达能力和沟通能力，丰富的谈判技巧和对业务的深入了解，终于顺利地签下了大单。

梅芳随机应变的表现以及熟练的日语会话能力，让老板对她大加赞赏，她在老板心目中的分量也在悄悄发生着变化。一个月后，梅芳不仅没有被辞退，还暂时代任公关部经理。

每个人的发展都不是一帆风顺的，当面临挫折，遭遇困境时，不要气馁，不要灰心，努力去增强你自身的力量吧，只要你足够强大，任何困难都是纸老虎。

3.适时弯腰，别让压力上身

几年前，一家锻压铸造厂生产任务不足，面临亏损困境，厂里进行减员分流，把减员指标分到各车间、班组，要求以末位淘汰制的方式来压缩员工。

仓库有6位员工，是清一色40多岁的女工，她们平时团结一心，工作十分出色，历来被评为先进班组。但这6人中也分到一个减员指标，要按照末位淘汰制办法，由员工互相打分，按分数从高到低排列，前5个留下，第6个被淘汰掉。

班长参加车间的动员会议回来，苦思良久，觉得太残酷，不忍向员工开口。但员工们却早已知道，大家说，总有一个人要走，大家投票吧，每人提一个，谁得票多谁就走。

于是组长发给每人一张白纸，让大家写上将被淘汰的“末位”，也就是要走的那第6个人的名字。当组长将6张纸一一打开来时，看见的却分别是6个不同的名字，原来，每个员工都写上了自己的名字，第6个是自己。于是，一直到规定截止的日期仍迟迟不能淘汰出来。与此同时，厂长却收到了这6位职工呈递的辞职报告。接着，这6位员工都办理了辞职手续。

然而这6位员工并没有各奔东西，在辞职后的第二天，大家又聚在一起，共谋出路。她们思来想去，除了原来的仓库管理工作，大家都没有其他特长，但作为家庭主妇，买菜烧饭却是每天的功课，大家决定从自己最熟悉的工作入手，办一家小吃店。

就像原先在厂里工作时那样，齐心合力，不计较，肯吃苦，小吃店越办越火，规模越来越大，后来有一天，竟兼并了那家濒临倒闭的厂子。几年过去了，已经发展成一家餐饮连锁集团。

说到当初为什么“第6个”是自己，这6位女工说，无非是想证明，改革并非总是体现为人与人之间的无情竞争，有时候，退让，或许也是一种更积极的进取。

人总是在磕碰中，在挫折中慢慢地成长的。**成长的标志之一，就是懂得退让，懂得在适当的时机退让。**

麦穗的弯腰哲学亦是如此。**愈成熟的麦穗，愈懂得弯腰。弓要弯腰，才能射出更远的射程。**稻秸直立，那是它手上还没有攥紧沉甸甸的谷粒。在人生旅途上，我们每个人不论男女，都要学会适时弯腰，这次弯腰，或许是你日后成功的一次机遇，或许是你将来少走弯路的契机。

女人一直被冠以弱者的形象，因此，有些在事业上成功的女性，就格外的争强好胜，格外在乎别人的眼光。以为弯腰，是退让，是软弱，为人所不齿，殊不知，弯腰是为了更笔直地挺立着。弯腰，是谦虚，是宽容，是以退为攻。

不会弯腰的身体是僵硬的，不会弯腰，是顽固，是呆板，是色厉内荏。

聪明的女人，要明白弯腰有时比站直更高。

和别人发生意见上的分歧，甚至造成语言上的冲突时，你闷闷不乐。因为你觉得都是别人的恶意，别再耿耿于怀了，回家去擦地板吧，拿一块抹布，弯下腰，双膝着地。把你面前这块地板来回擦试干净，然后重新反省自己在那场冲突中所说的每句话。现在，你发现自己也有不对的地方了。是不是，渐渐心平气和了，是不是？

有时候你必须学会弯腰。因为这个动作可以让你学会谦卑。劳动身体的同时，你也擦亮了自己的心情。而且，你还拥有了一块光洁的地板呢，这是你的第二个收获。

聪明的女人要知道天高地厚，量力而行。

有时候觉得自己什么都不怕，什么都可以做。不知道天高地厚，把做自己想做的事情看成是理所应当，看成是真理。总是把事情想得很美妙，但又跌得很惨。

女人，犯错误是很正常的，但总犯错误是不行的，年轻人有冲动是好事，但真理再向前一步就是谬论。凡事过犹不及，如果把握不好这个度，还不如换个方法和态度来对待身边的人和事。

面对物欲横流的世界，做女人难，做一个会弯腰的女人更难，她是一种修为，是一种对人生的理解，她必须把自己调整到以一个合理的心态去踏踏实实做人。当然，这其中包含了很多值得人们好好品味的内容。

首先，在姿态上要会弯腰，"大智若愚，实乃养晦之术"，时机未成熟时，要挺住；毛羽不丰时，要懂得让步，所谓"高处不胜寒"，低调弯腰做人也未必不是一件好事。

其次，在心态上要低调，不要恃才傲物，不要锋芒毕露，要知道谦逊是终生受益的美德。

第三，在行为上要低调，适时弯腰，"才大不可气粗，居高不可自傲"做人不能太精明，例如《红楼梦》中的王熙凤“机关算尽太聪明”，乐极生悲。

第四，在言辞上要随和，不要得理不饶人，不要肆无忌惮揭人伤疤，说话时不可伤害他人自尊。在你的朋友和他的朋友面前不要表现得像一个母老虎一样，不知道天高地厚，男生总是爱面子的，在外人面前多给他一点也没有什么不好的，更何况他是你的爱人，而且自己也能落个贤妻良母的称号，一举两得，聪明女人，何乐而不为呢。

女人也要学会去弯腰，学着去忍耐，为了你自己，为了你身边爱你的人，有时候必须学会弯腰。因为这个动作可以让你谦卑，弯腰防守对方的同时，你也擦亮了自己的心情。而且，你还拥有了让自己开心的理由。

4. 让自己时刻微笑，就是让自己时刻好运

我们的生活、工作等各个方面的压力都很大，释放压力的方法很多，大喊、大声唱歌、外出旅行等，可是你可能想不到微笑也是一种可以让你放松的方法，而且笑对我们的身体健康有好处，更重要的是这微笑可能会给你自己好运。

开怀放松的笑可以，微笑也可以，这能使你紧张的精神放松下来，全身心的放松让你感觉很舒服，心情舒畅，整个人的状态会很好，所以多多与朋友们交流，或自己找些有趣的事情，让自己心情放松下来，这样财神幸运星也会降临到你的身上。

笑的时候用手捂住嘴的人，比较内敛，不喜欢表现自己，就是连笑也要盖住，在做事的态度方面不够洒脱，因为这样的人天生就有点不够自信。而且很服从别人，被别人帮助，而天生聪明，学习做事都会令人满意，这样的人多于贵人，运气也比较好。

如果你认真观察会发现很多人微笑的时候能漏出牙龈，这样的人才华出众，为人诚实，做事踏实，深受重用，但这样的人在感情运方面复杂多变，会比较不

专心，抵抗力不够，容易受到引诱，没有自我保护的能力，这样微笑的人，无论男生女生，都会容易遇到桃花劫。但这样的人，比较爽朗、率直，很容易把感情表示出来，不会隐瞒自己，所以财神也很照顾这样的人，运气都比较好。

笑不露齿，这样的人，比较在乎自己的面子，做一件事情之前，会前思后想，认为这件事情可能有很大机会完成，甚至是有百分百的把握才会下定决心去做，而且只要他决定去做这件事情，无论有多大的困难都会尽力克服，做成功，正因为这样，所以他们的事业往往会做得非常成功。笑不露齿的人，他们成熟、稳重，很会处理自己的感情，因为他们有心机，他们想什么事情都会在心里理清思路，头脑又反应快，所以能把任何事情都做得非常好，有能力，有亲和力，财神福星也自然会降临他们。

不管你拥有哪种微笑，只要是发自内心的，你的微笑都会让你魅力大增，好运相伴。

一位学者说：“对人微笑是高超的社交技巧之一，也是获得幸福的保障。只要活着，忙着、工作着，就不能不微笑……”笑对女性而言，尤其重要，适当场合的笑，会给你带来良好的人际关系。而和谐的人际关系，会给你带来意想不到的收获。

美国的希尔顿饭店名贯五洲，是世界上最富盛名和财富的酒店之一。董事长唐纳·希尔顿认为：是微笑给希尔顿带来了繁荣。

为什么希尔顿这么重视微笑呢？许多年前，一位老妇人在希尔顿心情不好的时候去拜访他，希尔顿不耐烦地抬起头，他看见的是一张微笑的脸。这张笑脸的力量是那么不可抗拒，希尔顿立即请她坐下，两人开始了愉快的交谈。

交谈中他发现老妇人真的是那么慈祥，她脸上真诚的微笑完全感染了他。从此，他把“微笑”服务作为饭店的宗旨。每当他在世界各地的希尔顿饭店视察时，总会问员工：“今天，你对客户微笑了吗？”

如果你去任何一家希尔顿饭店，你就会亲身感受到——希尔顿的微笑。

唐纳·希尔顿总结说：微笑是最简单、最省钱、最可行，也最容易做到的服务，更重要的是，微笑是成本最低、收益最高的投资。

因此，他要求员工不管多么辛苦，多么委屈，都要记住任何时候对任何客户，用心真诚地微笑。即使是在20世纪30年代的大萧条中——各行各业的每个人脸上都挂着愁云惨雾的时代，希尔顿的员工仍然用自己的笑容给每位客户带去阳光。大萧条过后，希尔顿率先进入了繁荣期。

老妇人的微笑成就了一个成功的企业。没有什么东西能比一个灿烂的微笑更能打动人的了。微笑具有神奇的魔力，它能够融化人与人之间的隔膜和芥蒂；微笑也是你积极向上和乐观热情的标志。**所以，在与人交往时，记住带上你的微笑，如此轻而易举的事情，却会给我们人脉王国带来无穷的益处。**一旦你展现出真诚温暖的微笑，你就会发现，你的生活从此就会变得更加融洽美好，而人们也喜欢享受你那阳光灿烂的微笑。

在生活中我们微笑，生活变得轻松，当生活中出现一些不如意时，我们依旧微笑，那么困难似乎也变得好克服了。因为，生活中不如意的事情的确太多太多。然而，面对种种的不如意，我们忧愁也好，烦恼也罢，日子还是要一天一天地过，生活的日历不会让那些不如意的日子空翻过去，我们无法预料人生的风雨与磨难，无法改变已经存在的客观现实，但我们却能改变自己的心态，让自己微笑着面对风雨，微笑着面对坎坷，微笑着面对生活中的一切。

法国作家雨果说："笑，就是阳光，它能消除人们脸上的冬色。"叔本华曾说："**笑口常开者幸福如春。**"尽情绽放你迷人的微笑吧，好运会时刻与你相伴!

5. 拒绝"小心眼儿"，心宽的要像个"纯爷们儿"

在很多男人眼里，女人都是小心眼的动物。他们无法理解，为什么他们觉得无所谓的事情，女人总是要计较个没完。因此，当一群男人聚在一起时，他们往往会以女人的小心眼为调侃内容，甚至还造出了诸如“唯小人与女子难养也！”的句子，在男人心里，他们不屑于女人的小心眼，不屑于她们的斤斤计较，他们甚至会鄙视像女人一样爱计较的男人，他们“尊称”这样的男人跟“娘儿们”一样“娘娘腔”……

其实，这实在是不公平！毕竟不是所有的女人都爱斤斤计较，也不是所有的女人都小心眼。有很多女人，甚至比男人的胸怀还要宽广；有的女人，也只是一时计较嘛！可是……难以否认，总体上看，女人计较的事情确实比男人多一些，也无怪乎……

小心眼的女人很敏感。也许在别人看来，只是一件小得不能再小的事情，小心眼的女人也会看得很严重。或者在别人看来很正常的事情，小心眼的女人也会看成不正常。

小心眼的女人爱胡思乱想。小心眼的女人不相信别人，总是相信自己的直觉，而这些直觉有很多情况下又完全是胡思乱想得来。她们用自己的想当然来决定对别人的看法和态度，用自己的想当然来折磨自己，让自己总是处于紧张、猜疑的状态中，结果，导致周围与她相处的人也会变得很累很累。小心眼的女人会不停地捕捉一些细枝末节，联系到一些本来毫不相干的事情，然后仔细地寻找其中的因果联系，当那些不相干的事情被小心眼的女人用自己的想象串联起来的时候，小心眼的女人心里就会不高兴。

小心眼的女人喜欢生气。一旦自己的胡乱猜测在脑中理清了头绪，便会生起气来。生气的时候觉得自己特别正确，觉得别人特别可气，觉得非把自己的气话说出来不可，不去管那些自认为正确的话究竟是否真的正确，也不去管别人听了那些话心里会是什么感受。

小心眼的女人心灵十分脆弱，总是希望能够得到别人的保护。在她们眼里，别人一句不小心的、无意的话，也许就会伤害她们很深很深，让她们觉得自己受到了极大的挫折，然后，她们会对伤害她们的人抱以仇视的态度，会希望得到亲人、朋友的安慰，如果没有及时得到情绪的舒缓，她们就会很失望，甚至有些会走极端。

小心眼的女人一点也不自信。正是因为不自信，所以才会小心眼。经常觉得别人怎么怎么自己了，经常觉得自己处处不如人家，经常觉得自己不被重视，由不自信导致心理不平衡，一颗心飘飘忽忽的，一点儿也不踏实。

有一家，妻子心胸很狭窄，总爱为一点小事争吵不休。有一天，妻子做了几样好菜，想到如果再来点酒助兴就更好了。于是，她就拿瓢到酒缸里去取酒。

妻子探头朝缸里一看，瞧见了酒中倒映着的自己的影子。她也没细看，一见缸中有个女人，以为是丈夫对自己不忠，偷着把女人带回家来藏在缸里，嫉妒和愤怒一下子冲昏了她的头脑，她连想都没想就大声喊起来：“喂，你这个混蛋死鬼，竟然敢瞒着我偷偷把别的女人藏在缸里面。你快过来看看，看你还有什么话说？”

丈夫听了糊里糊涂的，不知道发生了什么事情，赶紧跑过来往缸里瞧，什么都没看到，于是朝妻子喊起来：“真是无理取闹，没事找事！”

“好哇，你还有理了！”妻子又探头往缸里看，见还是先前的那个女人，以为是丈夫故意戏弄她，不由勃然大怒，指着丈夫说：“你以为我是什么人，是任凭你哄骗的吗？你，你太对不起我了……”妻子越骂越气，举起手中的水瓢就向丈夫扔过去。

丈夫侧身一闪躲开了，见妻子不仅无理取闹还打自己，也不甘示弱，于是还了妻子一个耳光。这下可不得了了，两人打成一团，又扯又咬，简直闹得不可开交。

最后闹到了官府，官老爷听完夫妻二人的话，心里顿时明白了大半，就吩咐手下把缸打破。一个侍卫抡起大锤，一锤下去，葡萄酒从被砸破的大洞汩汩流了出来。不一会儿，葡萄酒流光了，缸里也就没有人影了。

虽说是一个笑话，但是这给我们新时代的女性敲响了警钟。**一个敏感的女人，一个小心眼的女人是不会有幸福的家庭的。**敏感，情绪易波动，爱发脾气这都是因为女人心胸狭隘。所以，要做一个聪明的女人，当我们遇到一些不愉快的事情的时候，不要猜忌，不要胡思乱想，做个大度的女人。

时代变了，让我们努力做大胸襟的女人，把心眼儿开大点，让男人们也见识一把女人们的无所谓！见识一把女人们的大心眼、大舞台！前人武则天，用她的大胸怀，成就了一番大事业，我们也许没有这么大的志向，但是，我们可以至少学习她的大胸怀，学习她的宽容。

宽容，能体现出一个人良好的修养，高雅的风度。它是仁慈的表现，超凡脱俗的象征，任何的荣誉、财富、高贵都比不上宽容。宽容是美德，是万事万物存在的结果，宽容的背后有着心与心永久与纯洁的承诺。**宽容地面对生活，面对人生，才会使自己拥有一个平静从容的生活，才能使自己活得更轻松、更洒脱。**宽容别人，其实就是宽容我们自己，多一点对别人的宽容，我们的生命中就多了一点空间，宽容是一种境界。

作为女人，也许很娇贵，也许很单纯，也许很浪漫，但拥有一颗宽容之心，才是作为女人的完美之本。宽容是人之博大、人之崇高、人之快慰的优良品德。在这世界构建的新的文明中，愿更多的朋友，能拥有一颗宽容之心，宽厚待人，宽厚至语，宽厚做事。宽容于己不会失去什么，反而可以收获快乐，收获成功，会给人间增添多一些的欢乐和温情。

拒绝"小心眼儿"，心宽的要像个"纯爷们儿"，豁达地为人做事，你会发现，生活焕发出了新的生机！

6. 生活陷入黑暗之时，你要内心充满阳光

在女人的一生中随时会碰到困难和挫折，甚至还会遭遇致命的打击。在这种时候，心态的积极与消极会对事业的成败产生重大的影响。

王女士和崔女士同样在市场上经营服装生意，她们初入市场的时候，正赶上服装生意最不景气的季节，进来的服装卖不出去，可每天还要交房租和市场

管理费，眼看着天天赔钱。这时王女士动摇了，她以认赔了3000元钱的价钱把服装精品屋兑了出去，并发誓从此不再做服装生意。而崔女士却不这样想。崔女士认真地分析了当时的情况，觉得赔钱是正常的，一是自己刚刚进入市场，没有经营经验，抓不住顾客的心理，当然应该交一点学费；二是当时正赶上服装淡季，每年的这个季节，服装生意人也都不赚钱，只不过是因为她们会经营，能够维持收支平衡罢了。而且，崔女士对自己很有信心，知道自己适合做服装生意。果然，转过一个季节，崔女士的服装店开始赚钱。三年以后，她已成为当地有名的服装生意人，每年有5万元的红利。而王女士在三年内改行几次，都未成功，仍然穷困潦倒，一筹莫展。这倒让人想起了一则有趣的寓言故事：

有这样一个老太太，她有两个儿子，大儿子是染布的，二儿子是卖伞的，她整天为两个儿子发愁。天一下雨，她就会为大儿子发愁，因为不能晒布了；天一放晴，她就会为二儿子发愁，因为不下雨二儿子的伞就卖不出去。老太太总是愁眉紧锁，没有一天开心的日子，弄得疾病缠身，骨瘦如柴。一位哲学家告诉她，为什么不反过来想呢？天一下雨，你就为二儿子高兴，因为他可以卖伞了；天一放晴，你就为大儿子高兴，因为他可以晒布了。在哲学家的开导下，老太太以后天天都是乐呵呵的，身体自然健康起来了。

看来，**事物都有其两面性，问题就在于当事者怎样去对待它们。**上面提到的王女士只看到赔钱的一面，而没有看到将来会赚钱的发展前景，不能以积极的态度去分析事物；而崔女士的态度则是积极的，她更多地从将来的角度看待当前的不景气，所以，她能顶住压力，坚持到成功。

成功女人内心充满阳光，她们对待事物，不看消极的一面，只取积极的一面。如果摔了一跤，把手摔出血了，她会想：多亏没把胳膊摔断；如果遭了车祸，撞折了一条腿，她会想：大难不死必有后福。她把每一天都当作新生命的诞生而充满希望，尽管这一天有许多麻烦事等着她；她又把每一天都当作生命的最后一天，倍加珍惜。惠就是这样一个乐观、幸福的女人。

大学毕业，惠进了一家刚起步不久的展览公司，该公司位于一所著名的办公楼里，按照目前的说法，惠也算是一个小小的白领了。在这家公司里，惠做得很辛苦，很投入，经常不计报酬地加班，她终于脱颖而出，工作刚满一年，就荣升为项目主管。就在此时，惠远在日本的男友决定回国发展并与惠结婚，惠等了5年终于修成正果，众人都为惠而高兴：婚姻美满，事业顺达。婚后不久惠就怀孕了，而且是双胎，医生嘱咐她最好静养保胎，但这在工作超繁、压力超强的展览公司里是很难做到的。惠的先生犹豫了："你还很年轻，事业刚刚起步，孩子我们以后还是可以有的。"惠却一脸的坚毅，"不，这是最好的礼物，我能拥有它，就是最大的幸福。"惠义无反顾地辞了工作，得到了两个可爱的双胞胎儿子。

现在，惠在一家公司里做协调员的工作，毕竟停了两年的工作，惠还将从头做起。而她以前供职的展览公司一跃而为沪上的著名跨国展览公司，主办了上海的龙头展会，以前的同事也大都升为项目经理，职位、薪金比惠要高得多，但惠依旧快快乐乐地工作着，生活着。在新的公司里，以她的工作态度和工作业绩博得了上司青睐，家庭也相当和睦。朋友们都羡慕她的生活，认为惠将生活节奏掌握得很好。

其实，原因就在于惠无论在哪种生活情形下，都保持着一种很好的心态，不患得患失，以自己现在手上拥有的就是最好的角度出发，努力生活，努力工作，结果生活、工作都很称心、完美。

美国成功学学者拿破仑·希尔关于心态的意义说过这样一段话："人与人之间只有很小的差异，但是这种很小的差异却造成了巨大的差异！很小的差异就是所具备的心态是积极的还是消极的，巨大的差异就是成功和失败。"是的，一个女人面对问题所持的心态如何，往往决定她一生的命运好坏。

记住德国人爱说的一句话吧："即使世界明天毁灭，我也要在今天种下我的葡萄树。"即使生活陷入了黑暗，你也依然要乐观自信。拥有阳光的心态，再烦琐的事情，再严峻的课题，再深重的死结，也会在你面前退避三舍。

7.在人生的黄金期，打造白金的承受力

看到别人的成功，你难免会羡慕，心里会想，为什么我就不能像她这样成功，这样受人瞩目呢？其实，你看到的只是台前的风光，你不知道，她们成功的背后，堆积着无数的失败。正是这些失败，才最终打造出了她们白金般的承受力，堆砌出了无人能超越的成功。

著名主持人谢娜，是很多人喜欢的“娜姐”，拥有无数粉丝，她在表演和唱歌上都有很好的成果。她总是用她的幽默来给处于压力中的人带来欢笑。可是，谁知道，她在成功之前，在人生的黄金期，也曾经经历过多次的失败，正是这些失败，打造了坚韧的她、顽强的她。

谢娜出生在一个文艺家庭，6岁那年的谢娜跟随父母演出，一次意外的登台居然爆笑全场，谁也无法料到一向乖巧可爱的谢娜，竟在舞台上扮演媒婆，第一次展现出她独特的舞台魅力。1994年谢娜参加了县里的演讲比赛，还取得了二等奖的好成绩，此次的荣誉使她青春的热情得到了第一次的激发，对自己很有信心的谢娜决定参加当时备受关注的全国推新人大赛，第一次离开家人，到北京参加比赛。

但命运并没有对她特别眷顾，比赛的结果完全出乎谢娜意料之外。因为说的普通话不标准，她在初赛过程中就被淘汰下来了。她没想到会如此失败，一直对自己很有信心的她，一时之间难以接受这个现实，为此她大哭了一场。曾在多年后的采访当中，谢娜回首往事说，如果没有当年的比赛或许在今天的舞台上就没有生龙活虎的自己。

随后不久，谢娜报考了四川师范大学，童年时期的表演欲望再次被激发了，但是参加全国推新人大赛的惨痛经历却让谢娜忘而止步，为了能顺利进入四川师范大学学习，谢娜在普通话和舞蹈形体及表演上都下足了工夫，三年后当谢娜第二次站在全国推新人大赛上时，和第一次的茫然无措相比，此时谢娜的发挥已日趋成熟。在那场比赛中，她用一个短剧的时间，将自己三年来的努力展现给了所有的评委和观众，最终获得了当年的推新人大赛的影视表演十佳金奖。

这才有了如今慢慢成功的谢娜。她经过了从小到大这么多次的失败之后，自身的抗挫折能力已经如白金般坚韧，这样的人，最后走向成功也是不让人感到意外的。

还有一个例子，估计有很多看过美剧《越狱》的姐妹们都会为其中的男主角温特沃什·米勒所着迷，他俊朗迷人的外表，还有精湛的演技，使他博得了很多女观众的芳心。2005 年，温特沃什·米勒因出演FOX公司出品的《越狱》而一夜成名，很多人觉得他幸运走红，但是只有他自己知道这份幸运源自十年的坚持。

在成名前的十年，他做过各种不同的工作，其中不仅包括剧组中各种打杂的差事，更有帮人购物、替人遛狗这样的活，在《越狱》家喻户晓前，他有过将近500次试镜失败的经历。500次失败的经历啊！而且是追求同一件事情时的失败！这个大得吓人的数字，估计让很多人对成功已经望而却步了，可是，他扛下来了，他已经从青铜战士升级为了白金战士，他成功了。

在无数次失败的情况下，不要气馁，因为每一次的失败都是对你的锻炼和考验，如果你能坚持，你一定会最终走出失败，走向成功，而此时的你，已经是犹如身披白金战衣，一定能在人生的战场上叱咤风云。

8.聪明女人：选择坚强，远离强势

身边越来越多这样的女人，她们事业成功，在职场上叱咤风云，有控制全局的魄力，头脑聪明绝顶，前瞻和决策能力甚至强过一些男性。她们更像内部装了个发动机的工作超人，而不是一个吐气如兰、风姿卓绝的女人，女性的角色意识淡漠了许多。

女人越来越强大了，大到职场争夺战，小到家里换灯泡，都能一手搞定，想都没想要找男人帮忙。男人也越来越困惑，不再被需要的男人，从哪里找回尊严和力量呢？强势不是男人的专属名词，而选择强势的女人比比皆是。她们有自己的价值观和世界观，她们认为：我们是等待了多久才拥有了现在的生命，谁又知道百年之后我们又将经过多久的徘徊才能盼来下一世的轮回？人没有理由不善待自己，女人更是。如果只能在男人身上找温暖，祈求安全感，那我们自己的生命是用来做什么的？男人注定比女人强大，所以比起爱情我更需要一份可以和男人平等对视的力量。

这样的想法，在现今自由平等的社会是合理的，但在这样思想的影响下，她们喜欢出风头、爱面子，面对处处忍让、随和处事的人，她反而得寸进尺了，咄咄逼人；与别人进行人际交往时，不是不懂温柔，不是不会轻声细语，不是不解风情，只是不断告诫自己为什么让自己活得那么委曲求全，不断问自己，放弃自己去讨好全世界不值得。

强势的女人不知道是什么时候开始喜欢说服别人，并感觉能说服他人自己很骄傲。没人敢和她们吵架，因为没人吵得过。在别人眼里她们能说会道，强词夺理到最后居然让人家觉得有道理。

或许她们在工作中一直都很优秀，比周围同龄的女孩职业好，赚钱多，可以说过着衣食无忧的生活，工作能力是很多男孩子都比不了的。在工作中的她们很强势，没有利用女人柔弱的一面去与职场上的男人打交道，她们用智慧、才能、冷静、认真的态度赢得了一个个项目的成功，也在职场中赢得了很多公司老总的尊重。

曾经有某位国内天后级女艺人，在成名之后向男友赠送跑车、别墅以表达自己的爱意，同时弥补自己不能经常陪伴男友的缺憾。然而男友不但不领情，反而一再向媒体强调自己是个不重视物质的人，感觉自己的价值观受到了伤害。送礼物是男人向女人展示自己能力最直接的方式，当女人沉浸于“投桃报李”的游戏中时，却剥夺了男人展现自己能力的快感。心理学家说过，我们送什么，其实就代表了我们自己是什么。人们在潜意识里通过自己送出的礼物来告诉对方自己的价值。因此，当女人毫不吝惜地为男人挑选礼物时，男人接受的信息却可能是“看，我多有经济实力！”，“看，我多大方！”等他们本欲向女人表现的男子气概。

这个故事向我们说明了，如果你一直不断地对一个男人好，你会让他觉得很辛苦。为什么呢？因为他在你面前，觉得对不起你，当他觉得对不起你的时候，你反而就成为一个需索无度的人了。也许你在帮男人的忙，也许你在给男人好多好多好东西，实际上你在给的同时不是对那个男人好，而是对自己好，自己觉得特别舒服，特别痛快。

这其实是一种自私，因为你只考虑了自己的感受，而男人往往觉得自己很无能，他也想对你好，以平衡彼此之间的付出和接受的效能，然而你的强势始终压抑着他，似乎你什么都不需要或者是他能给你的你都不再需要，由于男人长时间一直处于相对比较弱势的位置，逐渐会无法接受，因为无论现在的社会还是朋友亲戚之间，生活工作方面带来的压力，甚至包括你带来的压力，最终会离开，因此强势的女人会让很多男人跑掉。

当你成为这样强势女人队伍中的一员时，生活的多彩似乎就变得复杂，甚至是机械化的。你的生活中，没有特别亲近的朋友，没有知己，很孤单的一个人。人人希望自己是个能有人疼爱的女孩，在收获自己事业的同时也收获一份真挚的感情。希望在成功前行的路途中也能找到一位知己，一个爱人，也能将人生画一个圆满的圈。

但是，当你思考自己的幸福感在哪儿时，真的，你会觉得自己很孤单，**女人有女人的天职，有女人独特的魅力，通过不强势的手段和方式同样会成功，那何必活得辛苦和孤单，这样的人生不是你的初衷。**

何必让自己做那个孤独的强势女人呢？女人应该坚强，但不要强势。放下你的架子，让男人做你的职场顾问，做你的旅行指南，做你的爱情备胎，做你的电脑工程师，做你的高科技产品说明书……充分给他们被异性需要、被异性重视的感觉，他们一定更快乐，更卖力，并且对你宠爱有加。

所以，**身为女人，我们应选择坚强，但请远离强势。**尝试用甜美的微笑对待周围的每一个人吧，让大家感受成功的女人也很可爱，成功的女人也很妩媚，成功的女人也很天真，工作中强势的你也懂得生活的乐趣，更懂得爱一个人的幸福。

第五章 职场上只有“聪明女士优先”

世人对女人的期许会比男人低很多，所以女人总觉得没有必要非跟男人在职场上争个你死我活，但这并不意味着我们就有理由不坚强、不上进。和男人一样，我们有自己的职业和事业，好好对待它们才会给我们带来更独立的地位和更高的人生价值。在激烈的职场竞争中，我们应明白，外人的帮助永远只是辅助，真正能够一直支持我们的只有自己，我们的心态，我们的思维。

1.只有脱离社会的女人认为职场上“女士优先”

如果你认为在职场有人会因为你是女性而让你三分，那你就错了。在职场，可以有人因为你是女性而轻视你三分，但是没人因为你是女性而谦让你半分。在职场，可以有人因为你是女性而将机会交给与你条件相近的男性，但是没有人因为你是女性而让你少承担一份责任。

白领丽人们一定要牢记，职场没有“女士优先”。因而，职场女性不再需要矜持、不再需要淑女，更不需要柔弱。职场女性所应做的就是淡化性别特征，扬长避短，趋利避害，去完善自己，去拼去闯，去流汗流血，以赢得作为优秀女性的尊严，以在激烈竞争中争得属于自己的一席之地。

所以，作为职场女性，你需要通过充电来加大自己的能量。如果仅仅是依靠过往掌握的知识技能来开展工作，那将很难取得预期的成绩，如果再去奢谈卓越，那则无异于白日做梦。不仅如此，你还要注意拓展交际空间。如果你还是以女性自居，以家庭为营，谈论的话题还是围绕家庭与孩子，或是一味地孤芳自赏，自守一隅，疏于和优秀男性的交往，那么在这个男权社会，女性将犹如井底之蛙，将只能是故步自封，很难有什么作为和发展。

自古以来都是鱼与熊掌本无法兼得。既想做女人，享受一份安逸和温馨浪漫的生活，又想活出尊严、活出风骨，实现人对于自身和社会的价值，那么，就犹如置身于夹缝中，就会患得患失，就很难获得身心的舒服。因而，既然已处于职场，既然不甘人后，就索性放开手脚，忘记性别，去如男人一样大刀阔斧地行事吧，可以不成功，但是不能不去努力，不去作为，更不能自行退缩！

在职场，从来没有理所当然的“女士优先”。你要想取得优先权，就要付出比男人多出若干倍的艰辛和努力！即使是有了伤，有了痛，也要让泪流在心里，然后擦干心中的血和泪痕，一如既往地以笑脸面对纷至沓来的林林总总。身为职场女性，你就不能在以“女人”为由来逃避现实回避竞争，你就要如同男人一样去打拼，这就是天经，这就是地义！

女性要想获得成功，就必须忘记自己的女性角色，把自己跟男性放在同一个起跑线或者一个竞争点上，充分展示你的优秀。即使在没有性别歧视的公司，你也要靠你的能力才能赢得别人的认可。

作为一名大专生，胡可面对的就业压力可想而知。毕业前的实习期，通过父亲朋友的帮忙她进入一家科研机构实习。刚去的时候不知道做什么，更多的时候胡可只是干坐着，老板看她没人问的可怜相，就随手扔给她一个东西，说：“两个月内完成就行了，到时好给你写个实习鉴定。”

接下任务之后，她几乎住在单位，仅用五天时间就完成了。

第六天上午交给老板的时候，老板吓了一跳，立刻对她刮目相看，随手又给了她几个任务，并且有意规定了很短的时间，而她居然都能提前完成。

实习结束，老板没说什么。不久，老板亲自到她的学校要人，点名要胡可。学校很奇怪：我这有好几个本科生、研究生，你都不要，非要一个普通大专生，不是开玩笑吧。

“她有能力，能做成事。”老板说。

职场是唯能力者为英雄的战场，必须靠本事、凭能力来立足。不要幻想“女士优先”，用实力来证明你的价值，让老板看到你是能独当一面的人，这样你才能拥有自己的一席之地。

2. 不能正确评估自己，只会在职场上迷路

研究表明，女性较男性容易低估自己，在众多大学进行的一系列调查表明，同样一份实验室的工作，女性能够接受比男同事低得多的报酬。这一点不

因女性前一份工作的收入高低而改变。其根源，按照某些心理学家的说法，是一种“压抑效应”。

根据《美国心理学学会》杂志的定义，压抑效应是指：在社会上只占少数的人群，在社会精英层面前，往往容易低估自己。弱势群体会认为，自己的这种弱势地位是理所当然。看到优势群体(即男性)的优势时，女性会认为是本该如此，而不管这种优势是多么不公平。”“从来如此!”她们会得出这样的结论。在实际工作中，这个结论又被一再验证。在与男性竞争某一职位时，她们会觉得自己本来就没有男性那样有竞争力，于是选择退缩或者放弃。在收入上，她们也是就认为自己不该拿那么多，所以容易接受较低的收入。

女性若想在这个以男人为主导的社会中取得一席之地，在满足自己职业追求时，又能做到不忘家庭责任、不冷落自己所爱的人，这是一个极为艰巨的挑战。但首先就是要做到正视自己的能力，不低估自己。**低估自己，就是首先将自己置于劣势，如果连你自己都不相信自己，难道还指望老板给你信任？**

当然，正视自己的能力不仅仅是指不低估自己，你也不能高估自己的能力。有这样一个典故，《风俗通》载:“长吏马肥，观者快之，乘者喜其言，驰驱不已，至于死。”这个典故所指的是杀掉这匹马的人就是那些站在旁边给它鼓掌的人，也就是所谓的捧杀。后来，捧杀成为了实现打压的目的而反过来将其吹捧或者抬高到更高水平的一种手段。

所以，如果你一味地高估自己的能力，也有可能惹来一身失败，尤其是在现代竞争异常激烈的无烟战场上。这里有一个真实的故事，告诉我们高估自己不可取，在职场，高估自己的人容易被捧杀。

阿珍刚刚从研究生毕业，作为职场人,阿珍并没有什么可以特别称道的地方。虽然她也进行过很多的实习，但并没有丰富的从业经验，上手的速度还不如同一批进来的本科生。在试用期那几个月，阿珍整天战战兢兢的，她知道自己竞争力有限，拿不出什么可以称道的业绩，生怕老板一句话就让她卷铺盖走人。也正是因为底气不足，她对上司和对同事都是态度好得要命，对于关键人物曲意逢迎，最后也终于混在同一批入职的新人中顺利转正。

慢慢地，跟大家混熟了之后，阿珍贪财小气的缺点开始慢慢暴露了出来，有几次还因为上司扣罚了她的差错而心疼钱和上司大吵了一架。一来二去，上司对她心生厌烦。不久之后，上司借个机会把阿珍调到了本部门的上一级部门。这样一来，虽然名义上阿珍还和原来的岗位平级，但从业务流程上讲阿珍等于是高升了，她可以向原来自己的老同事们指手画脚，待遇也更上了一层楼。

就这样，阿珍上了钩。在坐上了这个职位之后,她渐渐真的以为自己已经变得资深了，已经拥有了与这个职位相匹配的业务能力。她开始对老同事颐指气使，甚至也不太听上司的话了。她所没注意到的是,她现在的工作要直接与老板接触，她的一言一行和每一单业务都会被老板看在眼里。以前小心翼翼的时候她可以混在团队里滥竽充数，但现在的自以为是让她把自己的老底全部都暴露了出来。

很快，老板注意到了阿珍在业务素质和敬业精神上的问题，也意识到了他在招聘时所犯的错误。阿珍的劳动合同到期之后老板毫不犹豫地开掉了她，阿珍所谓的“好日子”也只不过维持了几个月而已。

阿珍所犯的错误，是现在不少80后乃至90后的职场新人所共有的问题。因此，初入职场的职场新人们一定要正视自己，**不能低估自己，也不能高估自己，只有正视自己的能力，高调处事，低调做人，才能让自己在职场的激流中顺利远航。**

3.越是紧盯着薪水越得不到机会

在不少人眼里，薪水就是他们的全部工作目的。有些人在对待工作的态度上采取一种超然的态度，“给我多少工资，就干多少活”，“不是自己分内事情一律不干"，"公司的事情能推就推，做多错多"。表面看来，这些"精明人"没有吃亏，但长远来看。他们却损失"惨重"。

薪水虽然是工作的一种回报，但绝不是唯一的一种。一个人如果只为薪水而工作，没有更高远一些的自我提升和发展的意识，工作起来也就没有了主动参与的积极性，所有的事情都是被动接受，就难以获得快乐和自我满足。

更多的人忽略了这样一个事实：公司或许可以掌控你的薪水、影响你选择工作，但却无法阻挡你在工作中去思考、去学习、去提高、去养成自己良好的工作习惯、积极的态度和无邪的职业道德。也无法阻拦你为自己的未来所做的努力，更无法剥夺你将来因此而得到的回报。当然公司也无法不让你享受工作中的乐趣。换句话说，公司是你的又一所学校，工作丰富了你的思想，增进了你的智慧、丰富了你的阅历，也为你更美好的明天铺平了道路。

所以，聪明的女人要知道，不要计较薪水的多少。勤奋努力的人，迟早会有出头之日。**如果你把薪水放在第一位，你未必能够获得很高的薪水，如果你不为薪水工作，反而你会收获更多。**

心理学的研究结果表明，金钱到一定程度的时候对人来说就不再具有诱惑力了。也许，你现在还远远没有达到那种境界，但是，如果你是一个聪明人的话，你会发现，工资只不过是你所获得的报酬的一种。很多事业成功的人会说："我绝对会一样全力以赴地去工作，因为，我热爱我的工作。"一个人要想获得成功，最好的捷径就是选择一种哪怕没有任何报酬，自己也愿意努力去做的工作。当你这样做时，金钱就会自动地追随你而来。所有的公司也将竞相聘请这样的人才，而且他们愿意为此付出更高的报酬。

而一个以薪水为个人奋斗目标的人是无法走出平庸的生活模式的，也不会有真正的成就感。虽然工资应该成为工作目的之一，但是从工作中能真正获得的更多东西却不是装在信封中的钞票。

为薪水而工作的女人，看似目的明确，但是常常被目前的利益蒙蔽了心智，无法看清未来发展的路，结果使得这些女人即使日后奋起直追，振作努力，也不能够超越。

那些对薪水不满而敷衍工作的女人，固然对老板是一种损害，但是长此以往，无异于是断送了自己的希望，一生只能做一个庸庸碌碌、心胸狭隘的懦夫。他们把自己的才能埋没了，把自己的创造力湮灭了。

所以，面对微薄的薪水，你应该明白，雇主支付给你的工作报酬固然是金钱，可你在工作中给予自己的报酬，却是珍贵的经验、良好的训练、才能的表现和品格的建立。比起金钱，这些东西的价值要高出千万倍。只要你努力工作，你的薪水自然就会增加。

杜佛诺公司是纽约一家面包公司，刚刚建立起来的时候，盈利微薄。杜佛诺夫人想方设法地将公司的面包卖给纽约一家旅馆。4年以来，她每星期去拜访一次这家旅馆的经理，参加这位经理所举行的交际活动，甚至在这家旅馆中开了房间住在那里，以期得到自己的买卖，她还是失败了。

“后来，”杜佛诺夫人说，“在研究人际关系之后，我决定改变自己的做法。我先要找出这个人最感兴趣的是什么——什么事情能引起他的热心。”

经过调查，杜佛诺夫人发现：该旅馆的经理是美国旅馆招待员协会的会员，而且他也热心成为该会的会长，甚至还想成为国际招待员协会的会长。不论在什么地方举行大会，他飞过山岭，越过沙漠、大海也要到会。

因此，在第二天，杜佛诺夫人再见到该经理的时候，她就开始谈论关于招待员协会的事。这次谈话收到了效果。这位旅馆经理对杜佛诺夫人讲了半小时关于招待员协会的事，他的声调充满热情地震动着。

在这次谈话中，杜佛诺夫人根本没有提到任何有关面包的事情。但几天以后，那家旅馆的一位负责人给杜佛诺夫人来电，要她带着货样及价目单去。

试想一下，杜佛诺夫人对这位经理紧追了4年，尽力想得到他的买卖，但是一直都没有取得成功。后来，杜佛诺夫人明白了与人交谈的技巧，最终得到了那笔生意。只有为了工作而工作的人，才可能有足够的毅力和耐心去完成她想完成的事业。

俗话说：生活的质量决定于工作的质量。不管薪水高低，工作尽心尽力、积极进取，能使自己得到内心的平安。工作过分轻松随意的人，不管从事什么领域的工作都不可能获得真正的成功。只把工作当作赚钱谋生的工具，这样的人只会无形中把自己困在装着工资的信封里，对于自己真正需要什么，永远不会明白。

对于女人来说，当我们刚刚踏入社会时，不需要过分考虑薪水的多少，而应该注意工作本身带给我们的报酬。例如：发展自己的技能，增加自己的社会经验，提升个人的人格魅力……比起我们在工作中获得的技能与经验，微薄的工资就显得不那么重要了。老板支付给你的是金钱，但工作赋予我们的是能够让你终身受益的黄金。

4. 抱怨是解决压力最惯用的"伎俩"，但毫无用处

不管是在现实生活中还是职场上，可以说抱怨是无处不在。女人们天生就比较喜欢抱怨，并且随着近年来职场生存压力的不断加剧，职业丽人们对自我工作要求也不断提高，职场抱怨愈演愈烈了。

确实，抱怨作为一种情绪发泄的方式，如果有不满的情绪过于压抑，适当的抱怨是可以理解的。**但是从职场角度看，与其抱怨，还不如脚踏实地，任劳任怨地做好你的工作，因为抱怨毫无用处，光抱怨是解决不了任何实际问题，抱怨后还是需要找对方法解决问题。**

这是一个真实的故事：小韩是2008届的毕业生，环境艺术设计专业。毕业时因自己优秀的毕业设计作品被老师推荐到一家景观设计公司工作。刚进公司的小韩被分配的工作是辅助老员工一起完成前期投标方案设计。可能老员工怕后来者居上，所以不愿意让小韩涉及过多工作方面核心内容。小韩去找老板，要求老板让他单独负责一个方案，但是老板并没有同意。

于是小韩对公司诸多抱怨，觉得老员工对她有敌意，老板又不信任她的能力，自己觉得很委屈，在msn上也改上了签名。在抱怨的情绪影响下，小韩对工作也没有了热情，做起事情没有积极性，甚至经常索性敷衍了事。年底，老板借口因为经济不景气，把小韩裁掉了，临了还送了小韩几句话：过多抱怨是没有用的，最重要的是要做好你该做的。

确实，如果你是老板，你肯定也会愿意提拔那些埋头苦干、任劳任怨的员工，而不会喜欢那些只会一山望着一山高，在得不到自己的期望时成天抱怨，对工作消极应付的员工。一个对工作尚不能积极对待、只会消极抱怨的员工，你又能指望她给公司作出什么贡献呢？

在职场，遇到不顺心的事情是很正常的，关键就在于你能否理智地对待。即使你的目标与你所从事的职业相悖，或者你实在不能接受你老板的价值观，你也不要抱怨，因为抱怨只会让你觉得委屈、可怜，无助于解决任何问题。

因为那些你觉得可恶的老板，也许并不如你自己的惰性更可恶。除非你不工作，否则永远不要以抵触的心态做事——那样只能使你的智力和能力都大打折扣！只有把你自己沉浸在做事的过程当中去，任劳任怨，把事业的目标当作恋爱的对象去爱、去追求，这样，你会感觉好得多，得到的也会更多。

刚大学毕业的女孩安来到纽约，天真朴实的她鬼使神差地得到了一份许多时髦女孩梦寐以求的工作：世界著名时尚杂志的主编助理。然而，这是一份让人爱恨交加的差事——爱它，因为可以留在以Chanel、Prada等顶尖名牌构成的时尚帝国里；恨它，因为女强人主编米兰达太难应付，她脾气古怪，经常让安觉得无所适从。

她去找同事丘抱怨，丘对安说：“那就辞职啊！”安底气不足地嘟囔道：“我没想辞职，只是想诉诉苦……”丘一针见血地对安说：“你是在逃避，醒醒吧，她只是干了她该干的。”安好像顿然醒悟了，她换上了Chanel的套装，不再以抵触抱怨的态度去工作，而是以积极的态度去融入自己的工作环境，积极地应对那些看似不可能的任务……

如果你也爱抱怨，请你一定要记住了，职场从来不需要抱怨。因为这个世上没有一种工作是完美的，也没有哪一种职业会让一个人完全满意。有句老话：当你终于走入自己梦想的天堂后，四下看看，却总能嗅出一点地狱的味道。**工作经常就是这样，如果你想抱怨，工作中一切都会成为你抱怨的对象；如果你不抱怨，工作中的一切则也都会有美好的一面。而关键则在于，一味地抱怨不但于事无补，有时还会使事情变得更遭。**

人活在世上不可能事事顺心，工作的压力有时确实会让你喘不过气来，职场上的勾心斗角确实会让你觉得有点心力交瘁。所以，如果你偶尔抱怨一下，那不是坏事，谁都需要发泄一下，关键是不能让抱怨成为一种习惯，一旦有了这种坏习惯，工作就成了牢笼一般，总感觉处处不顺，处处不满；而想开一点，特别是换个思维角度，则会明白，其实能有一份工作本身就是最大的幸福，哪会有那么多的抱怨呢？

5.不要把工作的辛苦等同于痛苦

时下，经常听到很多女性们感慨工作太辛苦，职场竞争压力太大，再加上女人们回家还要承担不少家务，遇上老公不能理解自己的时候，就会觉得很痛苦。于是引发一些恶性循环，如工作时不起劲，似乎什么都懒得去做；工作中失误多，效率也不高；容易感情冲动，神经过敏，因一点小事不顺心也会大动肝火。

确实，现代生活工作的快节奏，容易导致人们太累，但是辛苦归辛苦，你千万不要觉得痛苦。或许有人会说，每天那样辛苦地工作，难道不痛苦吗？我想，那主要是因为没有放开心怀去工作，**工作不单是我们为了生活而进行的，同时它也是我们生活中不可缺少的一部分。你要试着调整心态，在辛苦工作中找到快乐。**

要想在辛苦工作中找到快乐，首先要放开心怀，不要一看见一堆工作要做，就愁眉苦脸的，不断哀叹：这么多工作怎么办啊！我什么时候能够完成啊！切记千万不要有这样的想法，如果你总是这样想，那你就会感觉更加的痛苦：倒不如轻轻松松地工作，全身心投入当中，反而会起到意想不到的效果。

有一个专营包装纸箱的公司，在一次应届生招聘会上招聘了一个高职刚毕业的学生做前台接待。其他的本科生都不屑于这个工作，这份工作又累又辛苦，而且在女孩子们看来并不体面。但是这个叫小曼的女孩儿十分爽朗地就签下了这个工作。

在试用期，她的工资很低，每个月只有几百块钱，但是，她依然乐此不疲地干着。别人都是朝九晚五地踩着点上下班，但她总是早到晚退，别人劝她，让她别这么拼命，这么辛苦，最后也就拿这么几百块钱，太不值得。但她却笑笑，仍是全心全意地认真工作着。

公司要求前台接待需要一天八小时站立接待。但是，谁都知道，客户并不是随时都有，一直站立太累，所以，以往的前台都是坐着，等到客户来的时候才勉强站起来，甚至有的接待直接就坐着接待客户了。但是，小曼没有这样做，她每天坚持着站岗，保证每一个客户来的时候，都能够看到她站立微笑接待的姿势。而且，当客户在接待室等待时，她都会细心地询问客户的需求，尽量帮客户满足。

后来，经常来的客户就慢慢注意上了小曼，这些客户在同公司高层谈项目合作的时候，偶尔提到了公司的前台接待服务态度很好，很敬业，而且很爱思考，与众不同。

公司的高层领导考察了小曼一阵子后，对她的认真工作的态度和主动思考的能力十分欣赏。于是，破格直接提升她为销售部的项目经理。所有的人都惊诧了，因为她还在试用期，而且她只是前台接待，没有任何经验，就做销售经理！这怎么可能？可是，公司的决定下来了，李曼仍旧是笑笑，接受了新的职位。

这之后的小曼更忙了，她忙着熟悉客户、熟悉业务、熟悉操作流程……尽管工作十分辛苦，但是她从来不抱怨，而且总是会花心思去把事情尽量做好，比如，在联系客户时，她会提前找好一切资料，在谈判的时候，她总能给客户一些意外的惊喜，让客户感受到她的细心和对自己的尊重，因此，她的谈判成功率很高。短短半年之后，她的业绩就一跃成为所有销售经理中最高的一位。

从这个例子也可以看出，**与其抱怨，与其偷懒，还不如认真工作，如果能在工作中比别人多花一点心思，你胜出的可能性就比别人大得多。**

辛苦的工作需要你用乐观和积极的心去对待，你要想着，工作为的是乐趣，为的是幸福。曾经有这么一个笑话，一个人死后到了一个地方，有吃有喝，有美女。可长期这么一来，他却厌倦了。他对判官说，将我换到另外一个地方去吧，若不行，那么我情愿到地狱去！而判官却说，那你认为这是哪儿啊？

这个笑话说明没有工作是人生的最大不幸。而有了工作就等于有了一切，当然也包括幸福啊！所以，如果你之前还觉得工作辛苦是一种痛苦的话，现在的你应该看到自己的幸运了吧。

6.女人获得机会的多少，和她的积极度成正比

每个职场女性心中，都曾有过对成功的幻想吧？看到那些在职场上平步青云的白领丽人们，你心里或多或少都有一些羡慕吧？**其实，那些能够在职场顺利进阶的女人们，她们的成功也是来之不易的，其中，主动出击就是她们的成功的秘诀之一。**

张小姐毕业于广东省内一所不太著名的二流学校，学市场营销专业。毕业后，经过N次的招聘会，在投递N份简历后，好不容易进入了杭州市一家大型消费品企业做市场专员。她在这家企业工作有三年时间了，公司供给了良好的

竞争机制和薪资待遇，每年还有两到三次的带薪外出培训机会。比起同学们一年一跳槽、工作相对不稳定来说，大家都很羡慕她。她一做就是三年，群体销售事迹在团队来说，也是引人注目的。

职场三年是一个跳板，张小姐想想自己已有三年的工作经验，每个月的薪资也没有太大的变更，在职位上还是市场专员，她很想在本公司上升一个台阶，但由于有管理能力的大有人在，况且现任市场部经理在本职位上也是工作多年。无论从哪个角度来说，她都不会有提升空间。当张小姐感到目前的职位不能让她进一步发展的时候，她有了跳槽的想法。

于是，她果断地作出了跳槽的决定，开始投出自己的简历，并详细了解意向企业的情况，在面试时有的放矢，很好地展现自己的优势和核心竞争力。很快，她就成功找到了一家大公司，在这个公司，她的才能得到了充分的发挥，得到了老板的赏识。半年后，她晋升到了市场部经理的职位。

试想，如果当时张小姐没有果断作出跳槽的决定，主动出击，她恐怕会在市场专员的位置上干上几十年，拿着几乎一成不变的薪水，年轻时候的梦想就这样被岁月渐渐漂白。

事实上，**大凡能够成功的女人，都是会不断给自己创造机会，并且主动出击的人。**

拿破仑·希尔曾经聘用了一位年轻的小姐当助手，替他拆阅、分类及回复他的大部分私人信件。当时，她的工作是听拿破仑·希尔口述，记录信的内容。她的薪水和其他从事相类似工作的人大约相同。有一天，拿破仑·希尔口述了下面这句格言。并要求她用打字机把它打下来：“记住：你唯一的限制就是你自己脑海中所设立的那个限制。”

当她把打好的纸张交还给拿破仑·希尔时，她说：“你的格言使我获得了一个想法，对你、我都很有价值。”

这件事并未在拿破仑·希尔脑中留下特别深刻的印象，但从那天起，拿破仑·希尔可以看得出来，这件事在她脑中留下了极为深刻的印象。她开始在用完晚餐后回到办公室来，并且从事不是她分内而且也没有报酬的工作。

她开始把写好的回信送到拿破仑·希尔的办公桌来。

她已经研究过拿破仑·希尔的风格，因此，这些信回复得跟拿破仑·希尔自己所能写的完全一样好，有时甚至更好。她一直保持着这个习惯，直到拿破仑·希尔的私人秘书辞职为止。当拿破仑·希尔开始找人来补这位男秘书的空缺时，他很自然地想到这位小姐。但在拿破仑·希尔还未正式给她这项职位之前，她已经主动地接受了这项职位。由于她在下班之后，以及没有支领加班费的情况下，对自己加以训练，终于使自己有资格出任拿破仑·希尔属下人员中最好的一个职位。

故事到这里并没有结束。这位年轻小姐的办事效率太高了，因此引起其他人的注意，开始提供更好的职位请她担任。拿破仑·希尔已经多次提高她的薪水，她的薪水现在已是她当初来拿破仑·希尔这儿当一名普通速记员薪水的四倍。对这件事，拿破仑·希尔实在是束手无策，因为她使自己变得对拿破仑·希尔极有价值，因此，拿破仑·希尔不能失去她做自己的帮手。

你看，在这样激烈的社会竞争环境下，积极主动显得多么重要。如果你无法抢占先机，就可能会失去一次又一次的机会，等到最后，机会恐怕都不愿意再去光顾你了。到时再后悔，可能就来不及了。所以，姐妹们，如果你能密切留意身边的每个良好时机，牢牢抓住机会，主动出击，你将更容易得到幸运女神的眷顾。

7. 换个思路看待老板批评和同事建议，你就能接受

在职场中，受老板的批评是常有的事情。但当那个老板很严肃地批评你时，不知你是否因伤了自尊而处于自我防卫状态，竭力地为自己辩解。如果是这样，请冷静换种思路看待老板的批评。不要因为一句老板的批评而斤斤计

较，我们要在老板和同事的批评声中找到我们存在的问题。

喜表扬，恶批评，是女人常有的一种心理。但当我们遇到老板的批评时，一定要冷静再冷静。我们首先应当认识到，只要老板的出发点是好的，即使他态度有些生硬，言辞过激一些，方式欠妥一些，我们也要适当给予理解和体谅。如果我们不能冷静反思、检讨自己的错误，而是一味纠缠于领导的批评方式是否对头，甚至当面顶撞，只会激化矛盾，更加有损于自己的形象，甚至有可能丢掉饭碗。王桂兰就是一个这样的例子。

王桂兰是从最基层做起，一步一步升上来，最后成为一家建筑公司的工程预算师，专门估算各项工程所需的价款。有一次，她的一项估价被督察员发现算错了5000元，老板便把她找来，指出她算错的地方，请她拿回去更正，并希望她以后在工作中细心一点。

没想到王桂兰既不肯认错，也不愿接受批评，反而说那个督察员大惊小怪，自己只是算错了5000块钱而已。

老板问他：“那么你的错误是确实存在的，是不是？”

王桂兰不再狡辩，说：“是的。”

老板见他既不肯接受批评，又认识不到自己的错误，本想狠狠地惩罚她一番，但因念她平时工作成绩不错，就原谅了她，只是叫她以后要注意。

不久，王桂兰又有一个预算项目被她的老板查出了错误。老板把她找来，准备和她谈谈这件事，可刚一开口，王桂兰就很生气，认为是老板故意和她过不去：“不用多说了。我知道你还把上次那件事记在心上，现在特地请了专家查我的错误，借机报复。但这次我肯定没错。”

老板根本没想到王桂兰死不认错，还随便怀疑自己，便让王桂兰自己去请别的专家来帮她算一下。

结果王桂兰发现自己确实错了。

这时，王桂兰的态度来了个180度大转弯儿，赶紧向老板承认错误。但这次老板没有再给王桂兰机会，说：“现在我只好请你另谋高就了，我们不能让一个不许大家指出她的错误、不肯接受别人批评的人，来损害我们公司的利益。"

人非圣贤，孰能无过？我们总是不可避免地受到来自多方的批评。但是，我们不能让批评阻碍了我们前进的脚步。事实上，批评是生命中不可或缺的一种颜色。**当我们受到指责时，千万不要生气，而要试着考虑接受，想办法改善自己的行为并不断提高自己。**

我们女人应该明白：在生活中，并不是所有的批评都是恶意的。我们要接受合理的批评，这些批评教给我们做人、做事的道理，引导我们走上平坦的阳光大道，你接受了这样的批评，找到了自己的缺点，这样我们就会取得很大的进步。菲碧就是一个这样的例子。

菲碧，一位商业艺术家。有一次任务的对象是一位喜欢鸡蛋里挑骨头的艺术组长。菲碧每次离开他的办公室时，总觉得心里不舒服，不是因为他的批评，而是因为他批评菲碧的方法。

最近这个组长交了一件很急的稿子给她，后来又打电话给菲碧，要菲碧立刻到他办公室去，说是出了问题。当菲碧到组长办公室之后，麻烦就来了。组长满怀敌意，终于有了挑剔的机会。在组长恶意地责备菲碧一顿之后，菲碧说："组长，如果你的话不错，我的失误一定不可原谅。我为您工作了这么多年，实在该知道怎么才对。我觉得惭愧。""我应该更小心一点才对"，菲碧继续说："您给我的工作很多，照理应该使你满意，因此我打算重新再来。""不！不！"他反对起来，"我不想那样麻烦你。"他告诉菲碧只需要稍微修改一点就行了，又说一点小错不会花公司多少钱，不值得担心。

结果组长邀菲碧同进午餐，分手之前组长开给菲碧一张支票，又交代菲碧另一件工作。

从上面的故事可以看出：菲碧虚心接受了上司的批评，赢得了上司的信任。倘若她按照自己的意愿去做事情，那么结果就会完全相反。

不同的处理方式，得到的结果完全不同。面对别人的批评，我们不要一味地抵触，并不是所有的批评都是无理取闹。我们要好好调整自己的心态。对于

有价值的批评我们要虚心接受。接受善意的批评，可以使你进步，它能让你不断地纠正错误，不断地完善自己，不断地进步。

面对批评，就是迎接挑战；面对批评，就是面对人生。**换个思路看待老板批评和同事建议，你会发现接受起来并没有那么难。**

8. 从倦怠情绪的循环中走出：发现工作的乐趣

在我们的周围，常常会听到有人抱怨自己对工作的兴趣渐失，有的人甚至不能想象怎样带着热情去工作并从工作中找到快乐；有些人一直都在做着自己不愿意做的工作，比如职业不是自己理想中的那种，但若要改变却又千难万难。于是她们开始懈怠工作，开始消极对待，越是这样就越难以得到提升，便形成了恶性循环。

一个视工作为乐趣、为挑战的人，是不会倦于工作的。在工作中发现乐趣，在工作中创造乐趣，如果一个人的工作环境中聚集着这样一批人，那么她们的事业将是大有、特有可为的。

如果用一种感恩的眼光去看待工作，你就会发现公司给我们提供了启迪智慧的场所，历练能力和身体的机遇。我们由此获得了无穷的快乐。

在外企做销售的朱小姐，从小就是一个文静的女孩。喜欢看书，好安静，最多也就约上一两个知心朋友饮茶聊天。

大学毕业后，她先是做了中学老师。出于偶然，她最终进了朋友的公司做起了销售助理。没有工作经验，又缺乏对工作的兴趣，最初阶段朱小姐做得非常辛苦，好在乐观和不肯服输的个性帮她度过了这段艰难。朱小姐清楚记得，做第一笔业务时她所遭遇的尴尬。一向自视很高的她从来未尝过被拒绝的滋味，但她第一次谈业务就遭到客户的拒绝。被拒后的沮丧让她倍感委屈，而同事的好心相劝，更让她感到自己的辛苦。

所以，她打算退却。但朋友的一顿臭骂让她意识到自己的逃避和怯懦。此时，不服输的个性再次发挥作用。不断的坚持，使她终于在上班后的第二个月赢得了自己第一个客户。有了良好的开始，朱小姐对以后的工作越发有信心。虽然她知道自己并不适合这个工作，但努力却是她目前唯一能做的。

无论是对人或对事，只有在了解和融入后，才会喜欢。以后的日子她下工夫对公司的产品和市场进行了全面的了解，虽不是科班出生，但年轻又有一定文化程度，使她对新事物和观念的接受、理解很快。她还经常找同学和朋友聊天，一为搜集信息，二也是为了能开拓自己的人脉，给工作提供便利。

一段时间下来，她发现自己变了。曾经并不善于交际的女孩，现在居然能和客户拉家常、闲聊，内容还蛮丰富，而且还能以特有的亲和力博得许多客户的好评。当她越来越起劲地做这些事的时候，她终于明白，自己已经喜欢上了这份工作。改变后的朱小姐对现状很满意。

很多时候，你只须换一个角度去思考，就会对自己的工作充满乐趣。发现了工作的乐趣，就能保持工作的激情。人们往往是在爬坡的时候感到干劲十足，充满激情。当爬上山顶的时候，反而觉得迷茫。所以工作达到一个阶段的时候，要给自己树立新的目标，有了方向、有了动力，自然能保持高涨的工作热情。

热爱自己的工作，是敬业的起点。热爱自己的工作，更是成功的基础。

无所事事的人生将是悲哀的人生，不快乐的最大受害者，不是你不满的公司，不是你不满意的主管，而是自己。正如余秋雨所言：“工作的追求，情感的冲撞，进取的热情，可以隐匿却不可贫乏，可以泻然而不可以清淡。”

当一个人能够满含对工作的热情，把全身心彻底融入工作之中，当积极和热情成为一种习惯时，便拥有了回报——快乐情绪能够带来业绩，个人的职业生涯就会变得更为圆满，事业则更有成就。这样更可感受到双重的循环乐趣：工作不再仅仅是一种职业，更成为了一种享受。

从倦怠情绪的循环中走出来吧，让我们爱上工作，快乐工作，在工作中享受成功，做一个真正的职场情绪“环保者”！

第六章　对抗小人，要把话说得滴水不漏

说出去的话如同泼出去的水，是再也收不回的。然而敏感的、感性的女人们，往往会因为感情冲动而说出太多不该说的话。所以，很多时候，我们需要管好自己的嘴巴，“逢人只说三分话，不可全抛一片心”，把话说得滴水不漏，才能不留把柄，一帆风顺。

1. 性格可以直率，但不能口无遮拦

如果问你，你喜欢直来直去的人，还是拐弯抹角的人，你一定喜欢前者。是的，生活当中我们都喜欢直爽的朋友，期待彼此直来直去，甚至肝胆相照，但往往我们又陷入深深的内心矛盾之中——喜欢彼此无话不谈，又讨厌对方口无遮拦，所以，直爽还真得分时候，看场合。

从心理学的角度看，直率是人性中最本质的部分。人们普遍认为孩子是单纯的，他们没有受过世俗的污染，处处表现出天然的真实，这大概就是所谓的"天真"。他们的率直是本性的真实体现，对外界事物的直接感受可以不加工地通过语言表达出来，而这种直接的表达是可以被接受的，这就是所谓"童言无忌"。

与孩子的率直讨人喜欢不同，成年人的率直往往不太被人接受，因为成年人是世故的，成年人的表达被认为是经过加工甚至是伪装过的，心口不一，甚至口是心非似乎是常有的事。我们并不排除口蜜腹剑的人，但好心被当成了驴肝肺，良好愿望却往往收不到好的结果，也是相当多成年人内心的一大苦痛。

直爽直爽，你直接说了，自己就感觉爽，但别忘了，你太直白了别人就不爽。**在职场的人际交往中尤其需要注意说话的方式，要善于做到不讨人厌，好心办事就要有个好结果，提建议和意见就要讲究个时机、方式和方法。**

不是任何场合任何时候我们都要直来直去，语言其实也是需要包装的，就比如你说"喂，让开"，就不如说"你好，请让一下好吗"更能体贴人心。

聪明的女人，说话不会太直接，即使自己是对的！但是，请不要误会，这

并不是要违背真理，也没有为错误辩护的意思，更不希望你面对错误或者邪恶缄默不语，而是要你懂得说话的方式。

常言道“祸从口出”，直言揭穿别人的过错就是其中一大禁忌。别人违反了真理，有了过错，要么本来就知道，只是故意说错，以便给某个或者某些特定的人听；要么是真的不知道，意识到自己说错了之后又害怕被别人发现。这个时候你的直言正好把别人揭破，自然让人觉得面子挂不住。这样的情况很容易滋生怨恨，以后你就多了一个敌人，一个凡事都从中作梗的人。

可见，直言的最后结果还是对自己不利，所以最好还是不要直接说的好，尤其不要当着当事人和众人的面说。

有的人觉得：嘴上不直说，在表情上体现出来总行吧！这样也不可以！很多人在遇到自己不满意或者不赞同的情况时，面子上就挂不住，比如蔑视的眼神、不耐烦的腔调、不满意的手势等。这样和直言的结果没什么两样，都会带来难堪。

还有的人说，真正大度的人会接受别人的指正和建议。其实，大部分人不会！即使表面上接受，从内心深处来说，他们也是不乐意的。即使小部分人能容忍你的“造次”，但他们更喜欢婉转的提醒。为什么？因为你的直言否定了他的智慧、能力和判断力，他的荣耀和自尊心受到了伤害，在别人面前下不了台。如果有机会，他会和你明争暗斗，你让他有一次过得不好，他会让你过得更不好——他这样做，你可以埋怨他“睚眦必报”，但是无法改变事实。

所以，女人应该学会把话包装起来，经过包装的语言不但变得中听了许多，有时候甚至把坏事变成好事。

一位苹果园主种植的高原苹果色泽红润，味美可口，供不应求。有一年苹果即将成熟的时候，一场冰雹突然降临，满园光滑如玉的苹果被砸得伤痕累累，最后只得低价卖给了一位经销商。

经销商发现，这些冰雹打击过后满是伤痕的苹果，看起来更像是刻刀雕刻过的工艺品，而且变得酸甜可口、香脆异常。聪明的他马上换了个说法大做广告：亲爱的顾客，今年我们高原苹果终于有了自己特有的标志——高原冰雹吻过的痕迹。这是仁慈的上帝给我们的祝福。正是上帝的关爱使苹果有了一种独特的香味。请记住，我们的正宗商标——高原之吻。

苹果马上成为了名牌产品，很快销售一空。

看，一种存有缺陷的苹果，换了一种说法，马上就成了特别的名牌产品。这难道不是语言的魅力吗？俗话说得好，“佛要金装，人要衣装”。商品要有新颖的包装才会吸引顾客，女人要有漂亮的衣裳才能更显现出美丽风姿。而说话也要像商品和衣服一样，需要经过良好的包装才能让人接受和信服。这就是包装的魅力。

会说话的女人碰到难以启齿的话，都用玩笑做包装。女人遇到必须讲一些难以启齿的话的时候，如果直接说，很可能引起对方的反感，或者让对方产生不快。这时不妨以委婉的方式表达，既不伤害到对方，自己的心理也不会有很重的负担。就比如同事吃饭声音太大，不要当众当时指出，而是私底下嘻嘻哈哈地说：“吃饭声音太大可不雅哦！”

会说话的女人如果能先试着了解对方的感觉，她们就能比较巧妙地说出一些难以启齿的话。比方说，如果她的父母亲很担心她选择对象不够周全，她就不会对父母说：“别老是把我当成三岁小孩！那是我的事，我爱怎么就怎么！”这种充满稚气的典型防卫性反应无法增加父母亲对她的信心。聪明的女人会想到父母说这话时心中的感觉。也许他们只是想阻止你冒失地选择，也有可能是父母年轻的时候曾经在选择伴侣方面有一些经验教训，却又不知道如何告诉她。这时候她会笑着说：“谢谢你们啦！我的眼光可是遗传了你们的，怎么会差呢？”

会说话的女人在提意见时，更多提供假设。她们知道，直接说“这样不好”，不如说“如果……是不是更好？”为对方提供一些假设，一些建议，比生硬地提意见更容易让人接受。同样的意思，只是换了不同的说法，结果就截然不同。

会说话的女人，传达坏消息时，要附加一句“令人无法相信”。传达坏消息，心情总是沉重的，所以，这种时候更需要一些技巧。直接说“你有如何如何的谣言”，前面加一句“虽然我不相信……”那么对方所受到的冲击就会小很多。有一位教师，他对成绩退步的学生说：“实在难以置信，你考这样的分数。这不是你的真实水平。”这样，同学一定会对自己产生更高的期望，在下次考试中取得好的成绩。

总之，**直言快语固然能让人感觉爽快，但是委婉说话更能体现出一个人语言的能力**。委婉并不是太有心机，也不是故意遮遮掩掩绕弯子，而是体现出一个人对交往对象的尊重和体贴，体现出一个人交际的成熟风范。包装一下你的外表，再包装一下你的语言，那么你就是一个善于交往的女人了！

2.不好回答的问题，可以打一打“太极拳”

在待人处世的过程中，一定不可以把话说绝，一定要时时处处为自己留下可以回旋的余地，就像行车走马一样，你一下奔驰到山穷水尽的地方，调头就不容易，你留有一些余地，调头就容易多了。**在一些不必要、不可能或不便于把话说得太实太死的时候，利用“模糊”语言让你的表意更有“弹性”，会让你处理事情更加游刃有余**。看看下面的故事也许你会深有体会：

有位女孩很善于处理与人交谈，一天有人问她：“你可曾读过《堂吉诃德》？”她回答道：“最近不曾。”其实她根本没读过，然而谁会煞风景去破坏融洽的谈话气氛？

另有一次，有人问她可曾读过但丁《神曲》中的地狱篇，她回答：“英文本没读过。”旁人不禁肃然起敬。她这句百分之百的真话会让人产生两种误解：他读过这诗篇，他精通14世纪的意大利文；他是文学纯粹主义者，不屑读翻译本。真高明。

也许你觉得这位女孩在生活中“打太极”的做法没有太大必要，不过对于渴望职场成功的女性而言，学会回答敏感问题则是必备的技能。

例如在面试的时候，一般的用人单位在面试女性时，常会提出一些针对女性的话题，有时这些问题是非常敏感的，比如“你是否近期内准备生育”等。如何回答这些问题，关系到求职是否成功。当我们面对这类问题时该如何回答呢？看看下面的例子吧：

有的面试官会提问：“家庭和事业你觉得哪个更重要？”

不管是否违心，绝大多数女性为了获得饭碗，都会选择事业作为答案。其实这并不是最佳答案，毕竟家庭对女人的重要程度是不言而喻的，所以，如何回答得令招聘人信服，是需要一定技巧的。

李小姐在面对这个问题时是这样回答的：“我会在适当的时候结婚，但我认为女人最重要的是能够保持自己的活力，工作对现代女性来说尤为重要。”

与直接说“我会把事业看得比家庭重”相比，李小姐的回答显然更能获得考官青睐。

也有的面试官会问：“你认为家庭和事业之间的矛盾难以克服吗？”

谁都知道，没有一个幸福的家庭做后盾，女人是无法安心工作的。而工作和家庭之间的确存在着矛盾，甚至有的时候是难以化解的，直接回答是与不是显然都不太合适。那么如何回答这个问题呢？

王小姐是这样说的：“我认为无论在工作上，还是在家庭中，女性的最大目标是要使自己活得有价值。虽然我想通过工作来证实我的能力，来体现活着的意义，但谁能说那些相夫教子培养出大学生、博士生的农家妇女活着就没有价值？何况‘一个成功男人的背后往往站立着一位伟大的女性’的说法早已被世人认同。”

这席话的言外之意是说，要我外出工作，我会竭尽全力；待在家中，我会经营好自己的“小天地”。回答似乎有些答非所问，却能体现出女性刚柔相济的特色，更容易赢得考官的认同。

有的面试官提出这样的问题：婚后你是否计划在近期内生育？

如果忙不迭地表示否定，一定会引起主考官的质疑。结婚、生子，对女人来说是天经地义的事情，关键是让考官相信你在此之前会给单位带来更多的益处。

而林小姐回答道："我很重视自己的事业，因此我的决定将以不影响我的工作和公司的利益为前提，会理智地处理好这个问题。"

还有的面试官会问"你该如何处理好上下级关系？"

一般在招聘女秘书时，往往会问这样的问题。这个问题是比较敏感和棘手的，简单说吧，显然一两句也说不清。具体说吧，面试的时候也不可能有足够的时间让你来陈述。

对此问题，张小姐的答案是："能问到这个问题，这说明贵单位的领导者都是光明磊落之人。不瞒诸位说，我曾在一家公司干过一段时间，就是因为老板起了非分之念，我才愤而辞职的，而在招聘时他们恰恰没问到这个问题。两相比较，假若我能应聘上，我没有理由不全力以赴做好这份工作。"

张小姐的回答妙就妙在没有直接去回答如何和领导处理好关系，而是通过一个事例，或许是编造的一段经历来表明自己坚决的态度，又没让问话者难堪。会这样打"太极"的女人，才是聪明的女人。这样，才能将一些不利于自己的情况扭转，最终变为对自己有利的局势。

生活中很多问题，也是我们怎么回答都不对的，面对这样的问题，聪明的人通常会想办法巧妙地避开。为了保全自己的某种利益，你可以设法避开这类难于应付的问题。虽然实心眼的人也许会被人称为"厚道"，但是确实不是最佳的处世之道。

所有的事情都照实说的女人并不是聪明的女人，有时候为了照顾自己的面子，你也要学会避开别人的提问，如此才能让自己在生活、在职场成为成功的女人。

3.即使无话可说，也不要谈论别人的隐私

一个人总有一些纯属个人私事的东西，这些“隐私”往往不宜扩散，只能在自己与挚友之间“你知、我知”。这些隐私包括伤心的事，包括快乐的秘密，也包括生活的缺陷、个人的恩怨，等等。

早从小学时代起，我们就开始在一定范围内向别人保密了，就是对最亲近的父母也不例外。但是我们心头的秘密，却可以向要好的同学朋友公开，只是，这有一个条件：“秘密”告诉了你，你就得为我保密。不然，以后我就再也不会把秘密告诉你了。这种向朋友吐露又要求朋友保密的倾向，随着年龄的增长，愈来愈强烈。

倾吐内心隐秘必须是相互的。有时你没有将某个朋友当为知己，但他却一时冲动将自己的隐私告诉了你，如果你珍视友谊，你就很有必要将自己一件类似的隐秘也告诉他。如果有必要的话，甚至可以编造一件类似的丑事，既表示对他的安慰，也为了使他事后不必因为告诉你他的隐私而不安。交换秘密能让两个人的秘密都有了保险系数。如果你知道他人的秘密而不用自己的秘密与之进行交换，那么你就成了“知道得太多的人”，她轻则与你断交，重则用诋毁和诽谤来先发制人。

我们需要明白，朋友之所以将他的隐私告诉我们，就是为了赢得我们的同情和爱怜，要我们及时帮他想点办法。但这些隐私知情者的范围不能大，只能“天知地知你知我知”。

每一个女人都应该明白，朋友之所以将他的“隐私”告诉你，是基于对你的信任，对此你只有为他分忧解愁的义务，而没有把这种隐私张扬出去的权利。如果不把保密作为一种对朋友的责任，而是热衷于蜚短流长，把朋友的悄悄话“大白于天下”，可能会引起不少人的诸多议论，甚至被添油加醋一番，这会把朋友置于非常尴尬，甚至绝望的境地。即使你是无意间向别人泄露了朋

友的秘密，也要真诚地向朋友道歉，否则，同样会把事情搞糟。而你也会因此而失去朋友，失去周围人对你的信赖，最终你将成为孤家寡人。

心理学家认为，对于一个人来说，保守秘密的能力是他在社会中健康发展的基础。长期以来，心理学家们就认为保守秘密的能力居于一个人心理健康发展的中心位置。儿童在6到7岁时就学会不要提前泄露送给妈妈的礼物。研究者们还发现，保守秘密的本事能加强一个人的吸引力。

马克思住在巴黎的时候，与诗人海涅之间的友谊，达到了“只要半句就能互相了解”的地步。海涅当时的思想相当进步，写下了许多战斗诗篇，每到夜晚，他就到马克思家中朗诵自己的新作。马克思和燕妮就一起与他加工、修改、润色，但马克思从不在别人面前“泄露天机‘，直到海涅的诗作在报章上发表为止。

后来，海涅又创作了《西里西亚纺织工人之歌》，深刻地揭露了德意志反动统治，马克思高兴地称他为“同志”。两人的友谊日益深厚。1845年，法国反动统治无理驱逐马克思，马克思临行前给海涅的信中写道：“离开海涅让我很痛苦，我真想将你也一起打人我的行李中去。”

人们之间互相交往，是为了交流情感、寻找帮助和增进友谊。人们结交朋友的一个重要目的，就是使自己的心里话能够找到个可以倾诉并被理解的对象。但是，言而无信的人却辜负了这种信任，他们当面答应“保守秘密”，背转身来又向别的不相干的人和盘托出。像这样的人，怎么让人与之交往呢?

更有甚者，有些人天生喜欢做长舌妇，别人的隐私是她最津津乐道的话题。

“前台跟财务的小张关系不一般。有人看到他俩相拥着散步呢!”

“听说啊，市场部的主管是总经理的小舅子呢。”

“嘿，听说了没有啊？陈经理好像跟小莉关系很暧昧……”

“听说老李家最近请了一位年轻的保姆。谁想到，老李竟然对她有意思呢。听说，甚至……”

在办公室里，你难免会听到这样流言蜚语、是是非非。这种闲来无事、道人隐私的事，是女人最感兴趣的，也是最惹人厌的。在关系复杂的办公室，碰到这样的话题，你一定要慎重参与。

一个四处散播朋友秘密的女人，肯定是不受欢迎的。“闲谈莫论人非”，人们的隐私更是不可触碰，即使无话可说，也不要谈论别人的隐私。谨记这一点，我们维持良好的人际关系。

4. 一般挑起是非的，往往是看似无意的闲聊

聪明女人的嘴应该有所言、有所不言，不要去说些搬弄是非的话。但偏偏就有些女人非常“热心”，或者就是闲着无事，喜欢捕风捉影，说些无根据的话，结果传来传去，就成了一把伤人的刀。一些女人性格豪爽，说话之前从来不经过仔细考虑，总是想到什么就说什么，这样就容易给朋友带来无心的伤害。

陈玲和小莉是好朋友，小莉属于那种大大咧咧的人，平时爱说爱笑，对什么都不在乎，心里也装不住事。而陈玲则是属于敏感型的人，什么事嘴巴上不说，但心里却计较得很。

一次小莉看到朋友陈玲的老公和别的女人在一起喝茶，就在和陈玲聊天的时候，开玩笑似的说：“昨天，我看到你老公与那个漂亮的女客户在一起吃饭呢，你可要小心点啊。”

陈玲听到这个消息，回到家就开始观察老公，越观察越觉得老公有问题，她终于控制不住，向老公开了火，说：“我发现你与那个女人在一起。”

“什么女人？谁告诉你的？”

“我自己看到的。”

“我在外面做生意，当然免不了要和女客户打交道，在一起吃饭也是正常的，你别瞎猜疑。”

“哼，仅仅是吃饭那么简单吗？”

“你爱信不信！”

两个人大吵一通，后来，陈玲跑去向小莉哭诉，没想到小莉说：“哎呀，我不过是开个玩笑，你怎么就当真了呢？那天我的确看到你老公与别的女人一起吃饭了，但是不只是他们两个啊，还有好多人呢。”

陈玲听了，心里非常不舒服，但又碍于面子，不肯向丈夫说出实情，结果使得夫妻关系越来越僵。虽然小莉原本也是无心的，但是无意中却成了陈玲夫妻二人的感情杀手。

所以，**你性格可以豪爽，那样会让人觉得你好相处，但是你的嘴巴却不可豪爽**。要记住有些话不能说，有些话不能乱说。

此外，还有几点也是各位女性朋友必须注意的：

不要在背后对某个朋友的个人卫生状况或者家事乱加评论，比如头屑多而不常洗头发，比如有腋臭，比如香港脚，比如睡衣一穿就是一个季度不换，比如他的父母天天吵架，等等。即使这些都是真的，你在背后乱说也会破坏你们的友谊。

为了鸡毛蒜皮的小事和朋友争辩，极尽冷嘲热讽之能事，无所顾忌地恶语相向，这些不但会伤害朋友之间的感情，而且还有损自身的形象。

没有得到朋友的同意，不要向外人透露朋友的年龄或收入状况。特别是未婚的年轻女性，年龄一般都是秘密，而对于男人来说，收入算是秘密。这些都不愿被人所提及，你逢人就把朋友的这些秘密都给透露出去了，时间久了，谁还会和你做朋友呢？

再如，你与办公室的一个同事关系很好，而对另外一个同事很有意见，于是，你就口无遮拦地，在与你关系好的同事面前，极尽所能地说另外一个同事的诸多不是。办公室就这么几个人，说不定哪天，你的话就传到了与你关系不好的同事那里。人家若是找上门来论个究竟，你不见得能解释清楚，而如果别人并不找你理论，却在心里默默地记下你时，你就等着背后挨刀子吧!

在工作中不搬弄是非，最起码的一点就是要做到不传话。俗话说："谁人背后不说人"，大家坐到一起总会对事、对人有所评论，无论是对事对人，还是对事不对人都不好。尤其是在同事之间出现了问题、分歧的时候，更不能听到什么说什么，造成同事间更大的误解。

人非圣贤，孰能无过？再有水平和修养的人也不一定不说错话，不说伤人的话。大家常说："言多语失"我们需要常以此话提醒自己，要谨慎说话，闲谈不论人非。

5.和盘托出自己是不聪明的做法

不论是生活还是工作，我们都会时不时遇到对方征询自己的见解或者希望了解自己信息的情况。对于这种类的问题，聪明的女人该如何作答呢？一般来说，不论对方的目的是窥探你的隐私还是真心寻求你的建议，都不要把自己和盘托出。

对待探人隐私者，最好的法子是答非所问。小玲在单位就遇到过这样的人。

同事问她："谁是你晋级的后台？"

她说："托你的福啦。"

同事问："你奖金多少？"

她回答说："不比别人多。"

小玲面对意图窥探自己隐私的人时，她的做法是对于对方的提问不是不答，但答非所问。这样的话，既不会得罪对方，又不会让对方得逞。俗话说，"逢人只说三分话"，正是如此。

而如果并不是对方有意窥探隐私，那么你说话也需要根据谈话对象来决定。

对方若不是深相知的人，你也畅所欲言，以快一时。若彼此关系浅薄，你与之深谈，会显出你没有修养；你说的话，是属于对方的，你不是他的诤友，忠言逆耳，显出你冒昧。所以逢人只说三分话，不是不要说，而是不必说，不该说与事无不可对人言并没有冲突。事无不可对人言，是指你所做的事，并不是必须尽情向别人宣布。

另外，如果别人就某些问题寻求你的意见，你也大可不必把自己的看法和盘托出。

人在满怀喜悦或满腔忧愁的时候，总是会想找一个可以倾诉的朋友宣泄一下。人们可以在倾诉中抒发自己的情绪，也可以在倾诉中整理自己的思绪，审视自己的行为。通常人们需要一个安静、理智的倾诉对象，需要同情和沉稳的目光。如果人们的倾诉被一次次地打断，那么他的倾诉心理就得不到满足。美国的女企业家玛丽·几·阿什曾说：这种艺术的首要原则，就是你全神贯注地听取对方的谈话内容；其次，当别人请教你的时候，你最好的回答就是：你看怎么办？

有一次，公司里的一位美容师来向玛丽倾诉自己婚姻的不幸，并问她，自己是否应提出离婚。玛丽并不熟悉她的家庭，不可能为她拿主意，只好每次在美容师问她的时候，反问一遍“你看应该怎么办？”她每问一次，美容师就认真地考虑一下，然后说出自己应该如何如何。

第二天，玛丽就收到了美容师的鲜花和感谢信。一年以后，玛丽又收到了她的信，说他们的婚姻已十分美满，感谢玛丽为他们出的好主意。事实上玛丽什么主意也没有出，只是以足够的耐心和沉静的态度感染了当事者，让她能够从非理智的情境转换到理智情境，像思考别人的事那样思考自己的事，从而寻找出适合于她自己的解决方法。

玛丽的做法其实就是对于自己不了解或者不该发表意见的问题，抱一种聆听的态度，而不是一味说出自己的看法。有时，对方向你倾诉的目的并非寻求你的建议，而是希望有一个倾诉的对象。这种情况下，也依然要奉行只说三分话，不把自己和盘托出的原则。

不要一下子就把心掏出来，因为人性复杂，你若一下子就把心掏出来给对方，用心和他交往，那么就有可能受伤。

把心掏出来，这代表你的真诚和热情，但是你把心掏出来，他也把心掏出来的人不太多，而且也有掏的是假心的人。若这种人又别有居心，刚好利用了你的弱点，好比薄情郎对痴情女一般，那么你的日子就不好过了。而会玩手段的人，更可以因此把你玩弄于股掌之中。

社会复杂，不要轻易把自己和盘托出。三思而言，才能避免祸从口出。

6.不要在失意的人面前谈自己的得意

失意的人往往都很脆弱．也很多疑，你不经意的谈论在失意者听来却充满了讽刺与嘲弄的味道，对其可能会产生极大的伤害，让失意的人觉得你“看不起”他。

有一次，几个大学同学聚在一起，开导情绪正陷于低潮的裴莉，她的小公司不久前因经营不善倒闭了，孩子也一直生病住院，内外交困痛苦极了。

来吃饭的人都知道裴莉的遭遇，大家都避免去谈与事业有关的事，拿自己以前的挫折给她宽心，或说些安慰话。

可是刚刚发了大财春风得意的玲玲，刚来就忍不住开始谈她的赚钱本领和花钱功夫。那种得意的神情让大家看了都不舒服，更何况失意的裴莉，低头不语，脸色非常难看，一会儿去上洗手间，一会儿去洗脸，后来还是找了个借口提早离开了。

事后她愤愤地说：“她有本事赚钱也不必在我面前吹嘘！是不是看我现在不顺，借机衬托她自己啊？”于是，同学关系就这样闹僵了。

从裴莉和玲玲的事情中不难看出，当你在某一方面正得意时，想表达自己的喜悦无可非议，但是谈论你光辉业绩时要看准场合和对象，你可以和其他得意的人谈，你们共同分享心情的愉悦、人生的快乐，共同分享成功的经验，但是千万不要对失意的人谈。当然，有些人不在乎，你说你的，他听他的，但这么豪放的人并不是很多。因此，你所谈论的得意，对大部分失意的人来说是一种伤害，这种痛苦的滋味也只有尝过的人才知道。正因为如此，玲玲才会在不经意间得罪了裴莉。

其实我们说不要在失意者面前谈论你的得意，一方面是从道德上考虑，另一方面也是出于人际关系上的考虑。

一般来说，失意的人较少攻击性，他们往往郁郁寡欢、沉默寡言，但别以为他们只是如此。听你谈论了你的得意后，他们会普遍产生一种心理——怀恨。这是一种沉潜到心底深处的对你不满的反击。你说得唾沫横飞。不知不觉已在失意者心里埋下了一颗炸弹，想想看，这有多不值啊！

失意者对你的怀恨多半不会立即显现出来，因为他们此时无力显现，但他会透过各种方式来泄恨。例如在背后散布谣言，说你坏话，扯你后腿，故意与你为敌，其主要目的就是不愿看到你得意下去。而最明显的则是疏远你，避免和你碰面，以免再听到你的得意之事。于是你不知不觉就失去了一个朋友，甚至多了一个敌人。

不管失意者所采取的泄恨手段对你造成多大的损伤，至少这是你人际关系上的危机。对你绝不会有好处。像前文提到的那位失意的朋友，后来一谈起那位曾在他面前谈论得意之事的朋友就闷声不语，他们再也没有来往过。

所以，当你有了得意之事，不管是升了官，发了财，得了贵子或是一切顺利，切忌在正失意的人面前谈论，如果在不知情的情况下说了，事后也要向对方道歉，尽量把伤害的程度降到最低。

不过，就算在座没有正失意的人，但总也有境况不如你的人。你的得意还是有可能引起他们反感，人总是有嫉妒心的，这一点你必须承认。所以，得意时必少说话，而且态度要更加谦卑。否则就会在不知不觉中失去了人缘。

失意的人总是最敏感，所以我们说话时，不管什么内容，都要注意别让他人产生自己被比下去的感觉。

从另一方面来说，交谈的话题，对方不曾接触，也不曾感受过，不免会使对方认为你是在自我夸耀，无视他的存在或鄙视他的无知，如此一来，岂不是又疏远了彼此的距离吗?

有些人总喜欢夸耀自己，往往认为自己的学识、兴趣高人一等。每遇亲朋好友，就迫不及待地大肆吹嘘自己的心得经验，却不知这样做常另一旁的好友不知所措。说话要看场合，自己有了成功的喜悦想要与人分享也应该在合适的情况，若是在他人失意之时大谈自己的成功，实在是不明智的选择。

对于失意的人，我们应该去理解他们的心情，谁都有过低潮期。如果在这种时候听到刺激的话语，那种感受就如同把盐洒在本来已伤痕累累的伤口上，说有多难过就有多难过。因此，为了他人也为了自己，切记，不要在失意者面前谈论你的得意事。

7.多说无益必自毙，适可而止最受益

生活中，身边有没有人批评你话说得太多呢？如果你是一个喜欢直言不讳的人，那么可以肯定，你很容易被人误解甚至遭到别人的厌烦。

很多时候，有的女人出于对别人的关心，喜欢说得很多很直，生怕别人不能理解。**不过如果说话时常常只能看到现象或问题，也常只考虑到自己的“不吐不快”，而不去考虑旁人的立场、观念、性格，那么你的话不只不能起到正面作用，反而会让对方对你心生厌恶。**

所以，话说得太多太直，不论是对人或对事，都会让人受不了，于是人际关系就出现了阻碍，别人宁可离你远远的，免得一不小心就要承受你的直

言直语；不能离你远远的，那就想办法把你赶得远远的，眼不见为净，耳不听为静。

所以，在现实社会里，话说得多说得直是一把伤人又伤己的双面利刃，而不是一种对人对己有益无害的沟通方式。如果你是一个平时喜欢直言直语的人，那么你可要注意：

对人尽量少说他人处事的不当，或纠正他人性格上的弱点。而且，你的直言直语也不会产生多少效用，因为每个人都有一个内心堡垒，“自我”便缩藏在里面，你的直言直语恰好把他的堡垒攻破，把他从堡垒里揪出来，他当然不会高兴！因此，能不讲就不要讲，要讲就迂回地讲，点到为止地讲，他如果不听，那是他的事。因此，有的时候少说多听，也许你反而会更受大家喜爱。

小菲是公司里年纪最小的，大家都很喜欢她。

当问她处理人际关系的秘诀时，她说道：“我只是无论谁说话，关于工作的或者与工作无关的，我都安静地听人家的看法。”

正是由于小菲少说多听的处事风格，才让她得到了“积极”、“上进”、“很虚心”等等评价，而并没有因为说话不多而被人忽视。说话不在多，关键是要能将自己想表达的意思表达清楚，在这个前提下尽量简洁，避免啰嗦。

对于那些已经处于领导阶层的女性们来说，工作中，需要对下属或他人给予指点或批评。虽然批评对人际交往而言有百害而无一利，但是这却是无可回避的。说到此类事情，女领导们总是大发感慨，诸如“这得罪人的活真不好干”等等。但是我们必须明白，及时、适当的批评，不仅有助于工作的顺利完成，而且对于被批评者的素质修炼也有着无可替代的作用，即使是对于双方进一步交往来说，也并非毫无益处。不过，其前提是必须会批评，也就是掌握批评的要领和禁忌。徐远在这方面还存在着欠缺。

徐远是个直爽的人，凡事总喜欢抢着说出自己的看法。一次，主管召集质检部全体人员开会，分析头一天客户退货的原因。那批货出厂前是小王检验的，这相当于是开小王的“批斗会”。

主管说：“这次事故的责任人已经查清了。生产人员看错了图纸，我们部的小王最后把关不严，才造成了这次事故。”他接着让大家就这次事故发表意见：原因出在哪里，该怎样弥补。

大大咧咧的徐远第一个站起来，不假思索地说：“我认为，如果小王严格把关，就不会出现这样的事情。这事小王应负一定的责任。作为质检人员，他缺乏责任心……”他甚至还把小王以前的一些错误一起夹带进来进行了一番批评。

本来就很懊恼的小王此时听徐远这么一通狂批，更加不自在，充满敌意地瞪了徐远一眼，似乎嫌徐远的话太多了。

绝大部分的人都好面子，直爽要分时候、看场合，提建议和意见更要讲究个时机、方式和方法，体察现场的气氛，对方的情绪，是否适合直抒胸臆。口无遮拦，终会惹人讨厌。

有些人在与他人交谈时想要别人赞同他的意见，于是唠唠叨叨地说个不停，比如有的售货员，一味对着顾客夸奖自己商品如何价廉物美，使顾客没有插话的余地。其实，售货员热情接待顾客没有错，但是，没完没了地说，就大错特错了。顾客买乐西都怀有选择和求疵的心理，他们往往对货物越挑剔，就越有购买这种货物的意向。因此，顾客在挑剔货物时，售货员最好不要和顾客争辩，要学会适时闭嘴。

同样的道理，在我们的生活或是职场工作中，“不必多言，多言必败”的道理需要时时牢记，学会适时闭嘴。适时闭嘴有时也是优质服务，也是商机，懂得适时闭嘴有时比滔滔不绝更重要。因此，与其自己唠唠叨叨说了一通废话，还不如尽量让顾客多说话，而自己多听即可。

大家在生活中都有这样的体会，即有的女人会说话，即使是对他人不利的话也会让人听着受用；有的女人不会说话，即便是表扬别人，别人也会听着难受甚至反感。这正是因为会说话的女人，她们即使是批评别人也会点到为止，自然让人受用。聪明的你，是不是也应该学会点到为止，做会说话的女人呢？

8. 能够自嘲的女人，既有魅力又安全

谁都不愿意被别人嘲讽，但是，有一种嘲讽，是很好的社交技巧，能够让你在尴尬的场合，成为别人的焦点，成为众人的宠儿。你信吗？

这种嘲讽，就叫做自嘲。**自嘲可以让你在众人面前出丑时，完全转变你在众人面前的尴尬形象，让你瞬间成为众人心中的笑星。**

希腊哲学家苏格拉底的妻子是个泼妇，常对他发脾气，而苏格拉底总是对旁人自嘲道："讨到这样的老婆好处很多，可以锻炼我的忍耐力，加深我的人格修养。"有一次，他的老婆又发起脾气来，大吵大闹，很长时间还不肯罢休，苏格拉底只好退避三舍。他刚走出家门，那位怒气未消的夫人就突然从楼上倒下一大盆冷水，把他浇得像只落汤鸡。这时，只见苏格拉底打了个寒战，不慌不忙地说："我早就知道，响雷过后必有大雨，果然不出我所料。"

显然，苏格拉底有些无可奈何，但他带有自嘲意味的讥讽，使他从这一窘境中超脱出来，充分显示了苏格拉底深厚的生活修养。

由此可见，能自嘲的必是智者中的智者，高手中的高手。自嘲是缺乏自信者不敢使用的技术，因为它要你自己骂自己，也就是要拿自身的失误、不足甚至生理缺陷来"开涮"，对丑处、羞处不予遮掩、躲避，反而把它放大、夸张、剖析，然后巧妙地引申发挥、自圆其说，取得一笑。没有豁达、乐观、超脱、调侃的心态和胸怀，是无法做到的。可想而知，自以为是、斤斤计较、尖酸刻薄的人难以望其项背。自嘲谁也不伤害，最为安全。你可用它来活跃谈话气氛，消除紧张；在尴尬中自找台阶，保住面子；在公共场合获得人情味；在特别情形下含沙射影，刺一刺无理取闹的小人。

那么，自嘲到底怎样在人际交往中起作用的呢？让我们看一些自嘲的例子，也从中体会一下巧妙运用自嘲来帮助自己化解尴尬的智慧吧。

传说，古代有个石学士，算是名甲一方吧，因此，也总有人嫉妒他，希望看他出洋相，于是，一天，在石学士骑驴上街时，有人故意把他的驴绊倒了，石学士十分狼狈地摔倒在地上。一般人这时一定会不知所措，可这位石学士不慌不忙地站起来说："亏我是石学士，要是瓦的，还不摔成碎片？"一句妙语，用自己的姓氏来帮助自己，将摔倒的尴尬就化解了。全场的人都哈哈大笑。

同样的，还有一些人善于运用自己的一些身体特征来自嘲，帮助自己消解尴尬。比如说，如果是一位胖子摔倒了，可说："如果不是这一身肉托着，还不把骨头摔折了？"而若换成瘦子，则又可说："要不是重量轻，这一摔就成了肉饼了！"

还有这样一件事：一位矮个子学者的妻子嘲笑丈夫身材太短，这位学者笑眯眯地说："我看还是矮点好，我如果不是一米五七，现在能够著作等身吗？如果不是我身短力小，我们的战斗你能场场取得胜利吗？如果不是我矮，你能很优越地说我太短吗？"一语既出，全场叫绝，掌声不断。这就是自嘲的力量，它可以让你瞬间从尴尬的被嘲笑的对象，变成众人心中的明星。

从上面的这些例子中都可以看出，适时适度地自嘲，不失为一种良好修养，一种有效的交际技巧。自嘲，能制造宽松和谐的交谈气氛，能使自己活得轻松洒脱，使人感到你的可爱和人情味，有时还能更有效地维护面子，建立起新的心理平衡。

尤其是女人，如果在众人面前遭遇尴尬，对自己的形象是有很大损害的，如果能够适当地利用自嘲，就可以挽回自己的好形象。喜剧女演员卡洛·柏妮就曾经很好地利用自嘲给自己化解了一次危机。

有一次她坐在餐厅里用午餐。这时，有一位老妇人走向她的餐桌，举起手来摸摸卡洛的脸庞。当她的手指滑过卡洛的五官时，还带着歉意说："我看不出有多好看。”其实，这是老人对年轻漂亮的女人心生妒意后故意过来挑衅的，她的尖刻估计让其他的人都会受不了。但是——“你不用继续祝福了，”卡洛微笑着说。“我看起来确实没多好看。”可以设想一下，如果老妇人面对的是一个与她一样放肆无礼而又心胸狭窄的人，人们也许将会目击一场争斗。可是，卡洛·柏妮表演喜剧，她深深理解喜剧与闹剧的差异。所以，她神情自若，先把老妇人带有攻击意味的贬低说成是“祝福”，并请她停止“祝福”。然后，坦然地承认自己没多好看，讽刺对方，而又嘲笑自己。在粗鲁和蛮横的侵犯面前，保住了自己的尊严，同时又表现出一种豁然大度的宽容厚道之气魄，从而在精神上战胜了对方。让周围的人都会心地笑了起来，也对卡洛临时的机敏反应给出了好评。

还有一个女人，在一次大型的宴会上，遭遇了一场尴尬，但是，聪明的女人很快就利用自嘲，使自己成为了全场的焦点人物，让人们见识了她的聪明和机智。

当时，一位服务员不小心将一杯酒水洒在了她有伤疤的腿上，服务员吓得手足无措，全场人目瞪口呆。这位女士却微笑地说：“你觉得这种酒能消去疤痕吗？我正想试试呢！”在场的人闻声大笑，尴尬局面即刻被打破了。这个女士借助自嘲的力量，瞬间展示出了自己的宽容大度和机智幽默，既让自己避免了尴尬，也让别人都对她刮目相看。

无论怎样，嘲笑自己的长相，或嘲笑自己做得不是很漂亮的事情，会使我们变得更为豁达，并给人一种和蔼可亲的感觉，增加人情味。

美国著名影星洛伊20世纪20年代到80年代一直活跃在银幕上，但她在晚年的时候却日渐发胖。正因自己身体太胖，朋友多次邀请她一起去海滨浴场游泳，她都不好意思去，尽量找各种理由推辞。

在一次记者招待会上，一位娱乐记者偏偏就针对这个问题向洛伊提问：“洛伊女士，您是不是因为自己太胖，怕丢丑才不去海滨游泳的？”

洛伊想了一下，爽快地回答：“我是因为自己胖才不去游泳的，我怕我们的空军驾驶员在天上看见我，以为他们又发现了一个新古巴。"

在场的人听后，发出阵阵欢呼声和笑声，不由都鼓起掌来。

洛伊语出不凡，用自嘲的口吻、夸张的手法化解了尴尬，既没有被记者牵着鼻子走，又很好地活跃了招待会的气氛，同时还给大家留下了一个良好的印象，显示出自己豁达的心胸和诙谐的人格魅力。

在社交场合中，自嘲是不可多得的灵丹妙药，别的招不灵时，不妨拿自己来开涮，至少自己骂自己是安全的。除非你指桑骂槐，不然一般不会讨人嫌，智者的金科玉律便是：不论你想笑别人怎样，先笑你自己。

第七章 在进退之间找到平衡点

俗话说：“后退一步，海阔天空。”懂得后退，才明白前进。什么事情都死撑着，“不到黄河心不死”，“不撞南墙不回头”，这是很多不会变通的人经常信守的规则。勇气可嘉，方法实笨。能上能下，能屈能伸，能大能小，在进退之间找到平衡点的女人，才是聪明的女人。

1. 大事要讲原则，小事要懂得变通

有种说法是这样的，男人的成功通常是经过有效的竞争取得，而女人的成功大多则是通过人际关系取得。而其中的一个重要因素就是要把握好说话的尺度和办事的分寸。在现实生活中，有些女性很有知识，但因为缺乏“嘴上工夫”和“办事能力”，因而不受欢迎；不善于处理人际关系，也错过了一次又一次的晋升机会。

在处理事情时，该有原则性的时候要坚持己见，不妥协，该变通的时候一定不要墨守成规，否则会给人以刻板的形象。所以，成功的女人都懂得讲究办事的分寸，大事讲原则，小事要懂变通。

纵观红楼众钗之中，最富管理才能者非王熙凤莫属。在宣扬科学管理和张扬个性管理的今天，王熙凤以原则条理性为主，又能辅之以灵活变通性的管理方式更易为现代人接受。

在这个瞬息万变的社会，如果只会坚持自己的原则，墨守成规，恐怕迟早要被淘汰。其实，规则是掌握在我们自己手里的。虽然规则是约定俗成的，但并不是没有别的方法和方式，懂得变通，才能办好事情。

有一家制造企业，在市场迅猛扩张之后，下游的经销商们实力剧增，同时为了利润最大化，开始出现一些违规行为。一次，某地分公司接到经销商王先生的投诉，说在自己的专卖店附近，有一个小店，最近公然打出灯箱广告，开始出售同类产品。王先生暗访之后，认定这是一家未经企业授权的店，同时该店的广告也侵犯了企业商标权，对业务产生不利影响。分公司负责监管经销

商营运的李敏马上实地调查，发现这个店任何方面都达不到企业要求，于是表明身份，要求店主取消广告，产品下柜。岂料对方立刻翻脸，声称他不是从企业进的货，企业管不着。至于商标权等等，他根本不理会，声称自己卖什么产品，自然该产品所有的资源都可以自由使用。李敏跟他解释，结果越说越僵，双方争吵起来。最后，店主说出了自己的进货渠道，是当地最大的经销商之一李先生供货，难怪他根本不怕企业。

李敏当场气呼呼地打电话给李先生，警告他如果不撤销这个非法店，一切后果自负。回到公司，李敏还气得脸色发青。他是个非常认真负责的小伙子，又身负监管经销商营运的重任，一直把公司政策和公平原则放在首位。他向经理陈先生表示，无论如何，这个店既违反公司政策，又达不到公司标准，无法纳入正规化管理，必须撤销。如果李先生敢违抗，就必须按公司与他签的协议予以重惩，直至解除经销协议。

这边才听完李敏的抗议，李先生的电话就来了，他同样非常生气，对陈经理说："从公司开拓这个市场开始，我就一直尽心尽力，哪一点没有遵守公司规定和政策？这个店的事，我根本就不知道，货是我这里出的，但不是我直接发的，下面的二三级经销商把货分到哪里，我也不能完全掌握呀。就算这个店有问题，但李敏又是什么态度？公司不是一直都说保证经销商的利益吗？公司不是一直在提倡优秀的客户服务吗？李敏这样一棍子打死的态度，还让我们以后做不做业务？以前市场开拓艰难的时候，也有这种把货发到不太合公司标准的店去卖的情况，那时候公司也没说什么。现在市场做大了，就用规范管理来压我们了？有的人看我做得大，眼红了，自己做不赢就来投诉，公司到底是什么态度？要规范市场我也支持，但这个店我最近也试销了一下，卖得不错，关门是绝对不可能的。你看着办吧。"接着，他又杂七杂八反投诉一些经销商王先生的行为。

陈经理放下电话，去看李敏，他还在生气，陈经理只好说："这个事情，先放一放。"李敏顶回来："放什么？公司政策规定，这种情况三天之内必须处理，否则出了问题谁负责？"说着就要向总部写邮件反映情况。陈经理不禁有点无可奈何之感，李敏跟了自己几年，工作任劳任怨、尽职尽责是没得说，许多具体事务，没有他还真不行。但就是这个动不动坚持原则的脾气，让陈经理有时也有点又气又无奈。目前的情况，陈经理知道再意气用事，李敏和自己都要倒霉了，便强硬地说："你先消消气，这事出了问题我负责，没有我的话，什么事也不要做，明白吗？"李敏看看经理，没有作声。

陈经理跟经销商李先生打了个电话，说："李先生，我们共事多年了，你我之间，没有什么信不过的，以前多少风浪，我们都一起闯过来了，我们既是合作伙伴，也是朋友，是不是？"李先生表示同意。陈经理继续说："这个事，我想你也明白，李敏不是针对谁，他是按公司政策办事，公司的规则你也明白。当然，作为合作伙伴，我们一直都考虑实际情况，只要不出大问题，从来都是能帮经销商就尽量帮，是不是？"李先生想了想，也表示同意。陈经理说："那就好了。我看，这个店呢，关门肯定不必了。但他的确是侵犯了商标权，广告内容也不合法，这些你必须让店主先撤了。产品可以继续卖，但摆在店里面，从门外要看不到，明白吗？只要把这一步做到了，后面的事我们再商量，行不行？如果这一点都做不到，那我就很难向公司政策交代了。"李先生又想了想，很爽快地答应了。

陈经理出来对李敏说事情解决了。李敏一听，只是把门外的灯箱搬到店内，立刻又叫起来，要求按公司规定要么彻底取消，要么店主投入资金把店铺升级。陈经理叹惜了一声，想想以前教育过李敏多少次，他总认为自己坚持原则，坚持规定没有错，听不进去，这次就再教育一下吧。

陈经理告诉李敏："这件事，你没有错。你一直做营运监管，坚持公司规定是分内之事，坚持原则和规定是必需的。但这件事，不是一个简单的对错问题，如果非要讲对错，不但业务无法开展，我们还要自找气受，甚至下课失业……"接着他详细地讲明了自己的分析思路，李敏听完，若有所思，半晌才回过神来，不好意思地笑笑，说："我跟李先生打个电话，为我的态度道歉，再跟投诉的王先生打个电话，就说我们已经在处理了，让他放心经营。”陈经理满意地笑起来。

这是一个变通规则的典型案例，陈经理从公司、经销商和自身三方利益出发，竭力保证和平共处，达成业务和规范市场双重目标，李敏也从中获得了深刻的教育。

严肃而认真地对待规则，遵守规则，是必要的前提。**在大是大非面前，我们必须讲原则。但有些小事上，适当地变通规则，实质是寻找更好的执行手段。**女人们明白了这一点，在处理问题时就会更成熟，更圆通。

2. 她漂亮你更聪明，她聪明你更漂亮

世界上没有丑女人，只有懒女人。这句话虽具有安慰性，但也有它存在的道理。美女分好多种，其中有先天的和后天的，有的人生来就丽质，可以不怎么大张旗鼓就给人以眼前一亮的感觉，然而这种天生丽质的人太少了。

不是都说三分长相七分打扮吗？长得丑的人多了，但是也需要通过自己的打扮让人刮目相看啊，打扮对一个女人来说真的很重要，既然先天不足就后天弥补吧，同样能够起到眼前一亮的效果。

比如美得安静、飘逸的赵雅芝。岁月变迁，但她，美丽恒久。她的美是典型中国女性的美，而且她的美丽经受住了时间的考验，是一种由内而外的美。她极具人格魅力，有着中华女人传统的美德和古典的气质。她的美细细品味后能给人一种清淡、芬芳留香的感觉，她的美可以给喧嚣的你一丝恬静。她，是女人中的极品。

现如今，赵雅芝已是几个孩子的母亲，几十年的岁月却似乎并不曾在她的脸上留下任何痕迹，反而添加了一股成熟的女人味。赵雅芝让人会不禁想起一句话——“不老的传说，不死的红颜”。20岁娇俏可人，30岁风华绝代，40岁

美艳依旧，50岁红颜不老，时间在赵雅芝这里停住了脚步。

由《上海滩》年代到现在，赵雅芝容颜依旧，身材依旧。问起保养方法，雅芝笑着说：“我的生活很规律，吃得健康，不偏食，不会想吃什么就吃什么，但不是素食主义者，也喜欢吃辣，但我会注意营养的均衡。”再者，她说她会选择适合自己使用的护肤品：“不是名牌就一定好，每天要保持皮肤清洁，试试用过后吸收好不好，有没有不良反应。在家有时间就调一点面膜，没时间就买面膜用。还有衣着，选择适合自己的就是最好的，并不是越贵越好，能衬托自己特色的衣服和装饰就是最好的。总之要好好爱惜自己”。

斯琴高娃曾把赵雅芝评价为“一幅水墨画”：“她身上透出了中国妇女端庄、贤淑的气质，美好的品德是国粹，而青花也是国粹，两者相得益彰。”所以，女性朋友们不用因为年龄做无谓的恐慌？即使岁月无敌，即使红颜不再，我们仍然可以，优雅地老去。

也许你会说，不是谁都能拥有那样的美貌的，没关系，你也可以走另一条路，让自己以聪明和智慧取胜。

1954年11月14日，康多莉扎·赖斯出生在种族隔离制盛行的亚拉巴马州伯明翰，小名康迪。在那里，很多黑人儿童，不同的是，赖斯从小就受到了良好的教育，在家人的保护下顺利长大，并凭借个人的努力获得了成功。

赖斯家族认为：黑人的孩子只有做得比白人孩子优秀两倍，他们才能平等；优秀三倍，才能超过对方。而且他们都知道这是一条很严峻的真理。于是，他们很努力地教导赖斯。父亲曾经告诉康迪，在伯明翰以外有更多的机会，如果她勤奋学习，力争上游，就会得到回报。康迪在进入学校之后，学习很努力，成绩十分出色。康迪的外祖父母从各方面保证孩子们不受种族主义的伤害，他们让赖斯上芭蕾舞课，学法语，还上礼仪课，无比精心地教育她。

康迪的母亲是一位钢琴教师，因此她从幼年时起就开始接受母亲孜孜不倦的音乐教育。她从小就一直梦想成为职业钢琴家，16岁那年她进入父亲所在的丹佛大学拉蒙特音乐学院学习钢琴演奏。儿时受了父亲影响的她，除了钢琴之外还在运动方面很有天赋，网球和花样滑冰玩得都很出色。她曾经开玩笑地说，如果能够当上美式橄榄球联盟主席，她宁愿不当国家安全顾问。

大学期间，一堂国际事务课彻底改变了她的命运。那堂课的主题是列宁的继承者斯大林，主讲人是约瑟夫·克贝尔。赖斯突然发现苏联政治特别有意思，她说是俄罗斯让她从音乐中跳了出来。赖斯19岁大学毕业，26岁获博士学位，精通四门语言的她随后成为斯坦福大学的助教，专攻苏联的军事事务。

在1987年斯坦福大学的一次晚宴上，赖斯几句简短而有特色的关于苏联问题的分析，引起了时任福特总统国家安全事务助理的斯考克罗夫特的兴趣。1988年大选之后，斯考克罗夫特成为老布什总统的国家安全事务助理，赖斯则随后被任命为国家安全委员会苏联事务司司长，并很快成为老布什总统和夫人芭芭拉的私人朋友。

1995年，小布什当选为得克萨斯州州长后，老布什安排赖斯同自己的儿子会面。1998年，两人再次见面，话题已转为下任总统所面对的外交情势了。面对布什家族的邀请，赖斯没有丝毫犹豫，她迅速辞去了斯坦福的教职，专心辅佐小布什。在小布什当选美国总统后，赖斯出任美国国家安全顾问，成为美国政坛最耀眼的政治女明星之一。

对于赖斯来说，正是从小父母灌输给她的好强、上进的信念使得她无论做什么事情都力争上游，争取做到最好。而正是这种信念，让她在学业和自身修为上都做到了极致，用丰富的知识武装了自己，当机会来临的时候，使得她有能力去抓住机会，迈出了人生中至关重要的一步。正如法国微生物学家巴斯德所说过的：机会只偏爱有准备的头脑。用知识武装自己，就是对未来的机会做出充分的准备。

总之，**女人是要有一点优越感的。无论是聪明也好，漂亮也罢，你总要有一点能够拿出手，这样才对得起自己。**她漂亮你更聪明，她聪明你更漂亮，这样才能成为有魅力的女人。

3.内方外圆做女人，处世游刃有余

在职场上，女性相对男性来说存在着难以磨灭的劣势，但越来越多的成功女性的涌现是社会发展的一个必然趋势。那么，她们的成功主要依靠什么？在很大程度上是因为她们善于为人处世，会有效说话，推销自己。

美国著名人际关系专家戴尔·卡耐基曾这样说：一个人的成功只有百分之十五是依靠专业技术，而百分之八十五却要依靠人际交往、有效说话等软科学本领。这就是内方外圆的处世之道。

"方"是为人之本。人的内心美好，气质才会美好。因此，"方"是做人的道德和原则性。"诚实正直"、"光明磊落"、"襟怀坦荡"、"质朴守信"、"谦逊勤勉"、"言行一致"、"忠厚善良"、"宽容大度"的方正人品是一个人立世和成功之根本。

所谓"外圆"是指与人相处的圆润和机巧。"圆"乃处世之道，也是指与人相处的灵活性。我们在做事情和与他人相处当中，要讲究策略、方法、技巧和艺术性。要积极地与他人进行良好的沟通，要善于与人相处、合作。做"智圆"的女人，就要常怀感恩，和谐相处，广结善缘。

有方正道德的人在与他人相处当中，同时还要懂得"外圆"，讲灵活性、策略性、艺术性。否则会处处树敌，事事碰壁，步步荆棘。与人相处的"外圆"是人际关系中的润滑剂。

香港著名歌星邝美云，曾参加香港小姐竞选，获得第三名。在竞选期间，记者提了一个刁钻的问题，"你读书时成绩不好，你是否很笨？"这个问题的确棘手，可邝美云的回答却发人深思。邝美云是这样回答的："你们注意到没有，读书时成绩一流的人毕业后干什么？可能当工程师、律师、医生；而成绩二流的干什么呢？他们中很多人却当了那些工程师、律师、医生的老板。"

成绩一流的打工，成绩二流的却当老板。那些最有名、最有钱的，的确都是成绩二流，甚至三流的同学，而那些成绩一流的同学走上社会后却往往并不出众。为何如此？就是因为成绩一流的同学过分专心于专业知识，忽略了做人的“圆”；而成绩二流甚至三流的同学却在与人交往中掌握了处世之道。

举一个简单的例子。比如你对邻居说：“我家有一盆花，你帮我修剪一下吧？”对方一定会让你滚到一边去，“哼，要我给你卖体力。”但如果你换一种说法：“我发现你家的花修剪得特别漂亮，你在这方面造诣很高。哎，我家有一盆花，你能不能教教我，看怎么剪才漂亮？”对方一定就会高高兴兴地帮你剪花了。同样一件事情，说话的方法不同，导致的结果就截然不同，这就是技巧的作用。

做人难，在这个现代社会做女人更难，我们应当主动修身养德；处事，应当懂得灵活变通。方正之人要学会温和机敏地与人相处。**在如今这样人事纷繁的社会里，该方则方，该圆则圆，方圆结合，方圆有度，才是最好的处世之道。**

当然无论是“内方”还是“外圆”都要把握好度，要知道凡事物极必反。“内方”太过，那会导致刻板、迂腐，会伤害到自己和他人；“外圆”太过，那会导致圆滑、世故，必使他人心生疑虑，处处提防，因此，都是不可取的。

4. 不较真，给自己和别人都留点余地

《圣经》里有这样一句话：是你自己眼睛里先有了梁木，你却对别人说：让我拔掉你眼中的那根刺吧！要想拔掉别人身上的刺，必须先拔掉自己眼中的刺。生活中有些女人，之所以生活得那么辛苦，就是因为凡事太过于较真了，对待事情有一种病态的敏感和苛刻，而这些敏感和苛刻让她们的心情永远无法安宁下来,而同时也给你身边的人带来了伤害和尴尬。

事实上，所谓真聪明，是一种“大智若愚”的聪明，明察秋毫却含而不

露，遇事当糊涂时糊涂，当明白时要明白。**如果你要做个真聪明的女人，千万别较真，千万别在意太多的事情，也别什么都得一清二白，把不该摸清的也摸清了，给自己增加不必要的心理负担。**

在这人际关系日益频繁而纷杂的时代，无论你是一个卓越的人，还是一个平凡的人。在处理各种事物中，都应该给自己留些余地。"忍一时风平浪静，让三分海阔天空"。的确，人活在世上，不管是上司与下属之间，同事之间，或是师长与学生之间，父母与儿女之间，兄弟姐妹之间，甚至在夫妻之间，千万要记住，善留余地，并且要做到尺度适宜，留多了，是一种浪费，留少了，可能回旋不开。更不应该有"气盛"，"挑战"，"蔑视"之类的行为。

林肯年轻时不仅喜欢评论是非，而且还常写诗讽刺别人。林肯在伊利诺伊州回春田镇当见习律师后，仍然喜欢在报上抨击反对者。1842年秋，他又写文章讽刺一位自视甚高的政客詹姆士·席尔斯。他在《春田日报》上写了一封匿名信嘲弄席尔斯，全镇哄然，引为笑料。自负而敏感的席尔斯当然愤怒不已。最后终于查出了写信的人，他跃马追踪林肯，下战书要求决斗。而林肯能写诗作文，却不善打斗，但迫于情势和为了维护尊严，不得不接受挑战。到了约定日期，林肯和席尔斯在密西西比河岸碰面，准备一决生死，幸好有人挺身而出，阻止了他们的决斗。从这件事中，他汲取了教训。此后，他行事就小心稳重多了。也可以说为他后来成为美国历史上伟大的总统奠定了基础。

俗话说："不经一事，不长一智"。林肯经历的事情使他终身受益。由此可见，现实生活中，无论你多么强大，对手多么的不屑，无论你地位多高，权多重，钱多多，都不应该太较真，要记着给自己和别人留些余地。否则，即使你当时得到了些什么，但是，你必须为你得到的付出。不失不得，这是天理。

日常生活中，保持平和的心态，凡事多包容，不啻为一条立身处世之道。

佳禾总抱怨她们家附近小店卖酱油的售货员态度不好，像谁欠了她巨款似的。后来佳禾打听到了女售货员的身世，她丈夫有外遇，和她离了婚，老母瘫痪在床，上小学的女儿患哮喘病，每月只能开四五百元工资，一家人住在一间15平方米的平房里。难怪她一天到晚愁眉不展。佳禾从此再不计较她的态度了，甚至还建议大家都帮她一把，为她做些她力所不及的事。

在公共场所遇到不顺心的事，实在不值得过度较真生气。有时素不相识的人冒犯你，其中肯定是另有原因，不知哪些烦心事使他此时情绪恶劣，行为失控，正巧让你赶上了，只要不是恶语伤人、侮辱人格，我们就应宽大为怀，以柔克刚，晓之以理，没有必要太较真。

假如较起真来，大动肝火，枪对枪、刀对刀地干起来，再酿出个什么严重后果来，那就太划不来了。与萍水相逢的陌路人较真，实在不是聪明人做的事。假如对方没有变化，与其较真就等于把自己降低到对方的水平，很没面子。另外，从某种意义上说，对方的触犯是发泄和转嫁他心中的痛苦。

做事太较真了，就显得固执，死板，不灵活；处事太较真儿了，就会锱铢必较，争个你上我下；对朋友太较真儿了，就有了被知心朋友背叛后的愤怒和悔不当初；对工作太较真儿了，就有了分配不公和晋级不平时的抱怨。

俗话说："利不可赚尽，福不可享尽，势不可用尽。"断尽别人的路径，自己路径亦危；敲碎别人的饭碗，自己饭碗也脆。**不让别人为难，不与自己为难，让别人活得轻松，让自己活得惬意，这就是不较真，留余地的妙处，是处世交往的良方。**

5. 与其相持不下，不如以退为进

在职场中，尤其是对女性来说，经常存在着一些与对手、同事、老板相持不下的情景，遇到这样的情况，不要一味逞强，处处锋芒毕露未必就是好的，若处理不当反而适得其反，使自己陷入不必要的拉锯战，工作也会遭遇更大的阻力。适当的"示弱"不失为一种以退为进来争取更多优势的手段。

以退为进策略是指以退让的姿态作为进取的阶梯，退是一种表面现象，由于在形式上采取了退让，使对方能从己方的退让中得到心理满足，不仅思想上会放松戒备，而且作为回报，对方也会满足己方的某些要求，而这些要求正是己方的真实目的。

赫尔拉是矿冶专业的高才生，在美国耶鲁大学毕业之后，又进入德国的佛莱堡大学深造，拿到了硕士学位。然而，当她来到美国西部的一个大矿找工作时，却发现很不顺利。

按照预约的时间，赫尔拉走进大矿主的办公室，准备面试。她先把文凭递上，心想对方看了之后一定会感到满意。可大矿主对此一点也没有兴趣，断然拒绝了她的求职要求。

"小姐，正因为您有硕士学位，所以我就不能聘用您。"大矿主毫不客气地说，"我知道，你们学了系统的理论，可那些东西并没有什么实用价值，我可用不着这种温文尔雅的工程师。"

原来，这位大矿主是工人出身，一步一步地从基层提拔上来的，后来成为大矿的"掌门人"。此人生性耿直，脾气倔强。由于自己没有上过大学，因此不喜欢有学历的人。而且还是个女的。尤其对那些张口能讲出一大套理论的工程师，更没有好感。面对应聘时出现的这种尴尬和无奈，聪明的赫尔拉脑子一转，很快想出了对策。她毫不恼怒，而是巧妙地转换话题，以缓解气氛。

她微笑着说："大矿主先生，我想向您透露一个秘密，可您得事先答应我的一个条件——不告诉我父亲。"大矿主对此颇感兴趣，表示决不泄密。

"说真的，我在德国佛莱堡大学的三年时间一直是在混日子，什么东西也没有学到。"她小声地告诉对方。一听完这话，大矿主的脸马上由"阴"转"晴"，哈哈大笑起来，然后当场拍板："很好，您被录用了，明天就可以来上班。"

赫尔拉之审时度势，灵活多变，采用了以"退"为"进"的策略。求职场上情况复杂，变化多端，让步有时是必要的。**让步是一种暂时的虚拟的后退，是为了进一尺的时候所做出的退一步的忍让。**让步是一种修养，并非懦弱，更不是失去人格。

或许会有人担心，赫尔拉此举不妥。可她这样做的结果既不会对别人造成伤害，又可以使问题得到解决。更何况赫尔拉并不会因此而使自己贬值，她的学识水平如何自有公论，不在于自己的评价。**以退为进，从表面上看是让步，那是虚势，实则是进攻**。当战势处于僵持状态或是相持不下，不妨采用以退为进的迂回战术，这是一种战略，至少已有八成以上的胜算把握，打的是一场心理战术。

“退一步海阔天空”，这是中国传统文化中的一种思想。人最终都是要往前走的，但是要达到一个目标，不一定只有一条路，在多种可选择的道路中，当你分析过哪一条路是最有效的，就应该按照自己的感觉去做。

人生犹如登山，当你征服一个高度时，你便拥有了更广阔的视野，就有了更远大的理想和志向，同时也就有了新的目标。不断征服新的高度固然好，但如果有时候后退一步，面前的道路就会宽广许多，你便有了更多，乃至更好的选择。

其实，不管是在职业生涯还是在家庭生活中，总是希望往前走，总是希望和睦相处，但人生不如意事总是十有八九，不可避免的。**不管什么事情，如果有时候后退一步，你也许会发现达到目标的捷径**。要做到退一步海阔天空，也许最大的障碍就是自己的心理，只要对自己有信心，只要心底多一份宽容，一切都会迎刃而解的。

6.即使你很强大，也要学会在别人面前示弱

常言道：识时务者为俊杰。所谓俊杰，并非专指那些纵横驰骋如入无人之境，冲锋陷阵无坚不摧的英雄，还应当包括那些看准时局，能屈能伸，善于利用自身优势，懂得进退自如的女子。

我们常常认为“不为五斗米折腰”是有气节的表现，其实不然，在现实生活中，残酷的生存环境有时不容许我们这样做。人无论怎么立志高远，胸怀大志，也得屈服于生活的压迫。生活是一个无比深广的海洋，浅滩暗礁星罗棋布，让你无处躲藏逃匿。而人不过是一艘小船，行进在颠簸的大海上，它首先要考虑的不是航向遥远的彼岸，而是如何能在波涛汹涌的海面上存活下来。

即使你很强大，也要学会在别人面前示弱。对女人来说，低头和弯腰有时候也可以是撒娇，这是上天赐给女性的特权，是让男人对你言听计从的不二法宝。张爱玲说过：“善于低头的女人是厉害的女人。”适度地示弱是女人的杀手锏。君不见，多少盖世英雄终究倒在了女人的温香暖玉中，多少视死如归的大丈夫却在女人的几滴眼泪下甘拜下风。

在央视新闻女主播中，徐俐以其疾语如风，刚毅练达的冷色风格，让人看到一种居高临下的威严，因此她成为CCTV国际频道的当家花旦之一。

徐俐有过一次失败的婚姻，或许就跟她的这种强势性格有关。第一段婚姻结束之后，她把绝大部分精力投入到工作之中，随着事业越来越成功，她也越来越强势，同时也越来越缺乏男人缘。自从认识了老张，并与之结婚后，接受了婆婆的熏陶，她学到了很多做女人的学问，其中最重要的一点就是：**女人在家庭生活中适时地示弱，是最聪明的选择。**

她的婆婆是一位著名的雕塑家，在事业上非常成功。徐俐开始觉得像她婆婆这样的事业型的女强人和自己是同类，应该坚强得像一块石头一样，可徐俐后来发觉在家人眼里，婆婆就是个“超级宝宝”，婆婆赢得了所有人的尊重与呵护。柴米油盐酱醋茶的事儿，婆婆说她永远弄不明白，说她对做饭没天分，学也学不会。徐俐却不信连雕塑这么高难度的东西婆婆都能做好，会真的分不清油盐酱醋。果然，一次徐俐的公公摔了跤住院后，婆婆看到丈夫躺在医院里胃口很不好，就亲自做了难度很高的丈夫最爱吃的东西。徐俐送到医院去时，公公的眼睛一看就发亮，吃完后，直说太正宗了，太好吃了。

徐俐问婆婆为什么要装着不会做饭，婆婆笑眯眯地说：“你公公最得意的就是他的厨艺，说老实话他做菜不如我，可如果他连这个优势都没了，心里肯定不好受。

无论在事业上还是在生活中，无论面对领导、同事、客户还是丈夫、父母，这个低头弯腰的过程都是不可少的。

可是有不少女人一碰到眼前亏，会为了所谓的“面子”和“尊严”，甚至为了所谓的“正义”与“公理”，而与对方搏斗、争吵，有些人因此而一败涂地不能再起，有些人则获得“惨胜”，元气大伤。

“聪明的女人要懂得低头和弯腰”，这是为了“存在”和更高远的目标，如果因为死要面子而蒙受庞大的损失或灾难，甚至把命都弄丢了，那还能有未来和理想吗？

困难、伤心、艰苦、挫折、孤独、寂寞……几乎每一个人在其人生的旅程中都经历过这样的磨难，当你不甘心命运的安排但又不能扼住命运的咽喉时，你必须也只有学会低头弯腰。无论何时，无论何地，我们都会记住它。这个低头弯腰的动作是无比艰难的，感受是痛苦的，但是如果经不住这样的考验，我们的事业，我们的家庭就不会顺着我们所希望的方向发展。

7. 吃眼前亏是为了以后不吃亏

古语有云：吃得眼前亏，可保百年身。吃得亏便享得福。吃亏的人虽然失去了一些原本属于自己的东西，却也求得了自我的宁静，避开了别人的烦扰，于心无憾。鼠目寸光的人，才吃不得眼前亏，因为他们心胸狭窄，容不得丁点的损失。高瞻远瞩的人，却吃得眼前亏，因为他们视野辽阔，纳天地于心中。

吃亏不要紧，吃“眼前亏”是为了换取其他利益，吃点“眼前亏”更是为日后不吃亏而作准备。古人说：“小不忍则乱大谋。”坚韧的忍耐精神是一个人性意志坚定的表现，更是一个为人处世谋略的运用。**在人际交往中，如果我**

们能吃一些"眼前的小亏"，不仅能更好地预防"以后的大亏"，也有助于在别人面前塑造良好的自我形象，获得他人的好感，为自己赢得友谊和影响力。

假设这样一个状况：你开车和别的车擦撞，对方的车只是小伤，甚至可以说根本不算伤，你不想吃亏，准备和对方理论一番，可是对方车上下来四个彪形大汉，个个横眉竖目，围住你索赔，眼看四周荒僻，不可能有人对你伸出援手。请问，你要不要赔钱了事吃这个亏呢？

你当然可以不吃，如果你能说退他们，或是能打退他们，而且自己不受伤。

如果你不能说又不能打，那么看来也只有赔钱了事了。你说他们蛮横无理，欺人太甚，可是，在人性丛林里，是不大说"理"这个字的。适者生存，哪有什么理可说啊！

因此，以这假设的故事为例，赔钱就是眼前亏，你若不吃，换来的可能是一顿拳殴或是车子被破坏。报警？人都快被打死了，还报警？报警也不一定有用啊！

所以说："好汉要吃眼前亏。"因为眼前亏不吃，可能要吃更大的亏！

可是有不少人碰到眼前亏，会为了所谓的面子和尊严，甚至为了所谓的正义与真理，而与对方搏斗。有些人因此而一败涂地不能再起，有些人则获得惨胜，但是元气大伤！

夫妻之间的吵架，经常是由小事引起的。对方只是有些小过失，可另一方如果不依不饶，得理不让人，必然会导致"战争"升级。下面是一对夫妻从茶杯开始一直摔到彩电的经过，很有值得借鉴之处。

星期天，妻子小王和丈夫都在家。由于工作上有点小麻烦，丈夫最近的情绪比较低落。小王一上午忙着打扫房间，收拾家具，丈夫拿着一张报纸斜靠在沙发上翻来覆去地看着。小王知道丈夫最近不顺心，也就没要他帮着做家务。

小王收拾小茶几的时候，一不小心把丈夫放在上面的茶杯碰掉地上摔碎了。事有凑巧，就在昨天，小王刚打烂了一个杯子，没想到今天又打烂了一个。这套家具是丈夫一位老同学从日本带回来送他的，做工非常精致，丈夫很珍爱，时常一边把玩，一边赞叹这套茶具“确非寻常俗物”。平时丈夫几乎舍不得使用，就是怕被摔烂了，最近由于心境不佳，才拿出来独自享用的。没想到让妻子两天打烂了两个，当时脸就耷拉下来了。小王的火气也一下子就上来了：“不就是两个杯子吗，看你心疼的，好像我连两个杯子都不值。不要在外面受了气，回来整天把脸色给我看，拿老婆当出气筒算什么英雄好汉，再威风也威风不到哪儿去。真有本事的，也不至于把两个杯子看得比老婆还宝贝。”

这下子可算捅了马蜂窝，在丈夫眼里，妻子由于他的心境不好，处处迁就他，安慰他的好处一下子无影无踪了，有的只是气愤和恼怒。本来工作中的麻烦早就令他感到痛苦和沮丧，妻子的一番嘲讽挖苦使他觉得这个家也没有什么值得珍惜的了：“嫌我没本事，我就是没本事，你看着办吧。外面有本事的男人多的是，遗憾的是你没那享福的命，只好找我这个没本事的男人做丈夫。”

妻子也不示弱：“那也说不准，说不定哪天我就找一个有本事的男人给你看看。”

随着情绪的失控，双方偏离了夫妻之间交谈的正常轨迹，也偏离了就事论事的原则。

丈夫抄起茶几上的水瓶奋力一摔，小王觉得心都快碎了，绝望地毫无理智地哭骂：“摔吧！有种的把东西都摔完！”

此时，丈夫已经彻底失去了控制，疯狂的冲动在小王的骂声中变成了最后的绝望，正在气头上的夫妻，几乎很少有人能在这关键时刻保持哪怕一丝一毫的冷静与策略，更不用说有一方主动让步了。

当小王明白过来的时候已经晚了，丈夫顺手抄起一只哑铃击碎了刚买不到一年的电视机：日本进口的大屏幕，将近一万元。

其实，这场夫妻之间的吵架完全可以避免，只要有一方肯吃点儿“眼前亏”，主动退让。当丈夫责怪小王的时候，小王主动退让的话，丈夫立即就会觉得这样对待妻子是不公平的，会觉得内疚和后悔。到时候必然会就自己对妻子的态度问题进行补偿；同样，当妻子埋怨，“你别说话那么难听好不好，我又不是故意的。”这时候丈夫主动退让的话，妻子就会体谅到：丈夫的心境不太好，我应该理解他，甚至为自己不小心打烂了杯子增添了丈夫的烦恼而感到自责。

这种因小问题而导致激烈冲突的情形，并非只发生在夫妻之间。很多小事却最终发展成悲剧性结果的事情，常见诸于报端。在生活中碰上类似情况，对方正在气头上，声音高点，话难听点，你应该保持冷静而不应火上浇油，甚至发展到鱼死网破的地步。吃点儿“眼前亏”，等对方冷静了，清醒了，认识到自己的错误了，他会更尊重你，觉得你为人大气，不在小事上斤斤计较，事后会加倍对你好。

“智女要吃眼前亏”，吃了“眼前亏”，赢得“长远福”。吃了“小亏”，赢得“大福”。何乐而不为？

8. 待人策略不拘泥，要因人而异

待人接物是一生都学不完的学问。女性在工作生活中，处处都会用到待人接物，而且也需要不断地学习和修炼，才能达到一定境界。待人策略中最重要的就是因人而异，不要千篇一律。

如果待人棱角分明，不仅显得为人死板，而且还容易让同事之间关系紧张。每个人的品格总是参差不齐的，待人方式也要因人而异。有的人因为好恶分明，眼里不容半点沙子，致使与人接触时“弹性不足”。他们对那些不顺眼的，不投机的，相处不愉快的人，就一棒子打死，不会视其为友，甚至还可能敌视他们。这种与人相处的态度对自己没有什么好处。**如果善于到什么山上唱什么歌，见什么人说什么话，则很容易获得别人的好感。**

威廉费尔普是美国耶鲁大学的文学教授，他在他的《论人性》中讲了他小时候的一个故事。在威廉费尔普8岁的时候有一次到姨妈家去度周末。晚上，有一位漂亮女士来访，她跟威廉费尔普的姨妈寒暄了一阵之后，便把注意力集中到威廉费尔普的身上来。

那时威廉费尔普正对帆船十分着迷，这位女士就劲头十足地跟威廉费尔普讨论起帆船来。威廉费尔普兴奋极了，甚至当她走的时候心里还恋恋不舍，盼望她明天再来。

威廉费尔普对姨妈说："这个人真好，她对帆船那么有兴趣！"可是威廉费尔普的姨妈却淡淡地说："她是一个律师，才不会对帆船感兴趣呢。"威廉费尔普非常诧异，说："那她怎么会和我谈得那么起劲呢？"姨妈的回答使威廉费尔普永远也忘不了。

姨妈说："因为你对帆船有兴趣，她就谈一些使你高兴的事。她这样做是为了使自己受欢迎。"这样做狡猾吗？不！这叫因人而异，看人下菜碟。谁不希望别人对自己最喜欢的事物感兴趣呢？谁不希望别人赞同自己的爱好兴趣呢？

了解别人的兴趣，迎合别人的心思，《红楼梦》中的王熙凤给我们展示了她这方面的超凡才能。

在第三回，林黛玉抛父进京城，小心翼翼初登荣国府时，她先是人未到话先行："我来迟了，不曾迎接远客！"尚未出场，就给人以热情似火的感觉。随后拉过黛玉的手，上下细细打量了一回，仍送至贾母身边坐下，笑着说："天下竟有这样标志的人物，我今儿算见了！况且这通身的气派，竟不像老祖宗的外孙女儿，竟是个嫡亲的孙女儿，怨不得老祖宗天天口头心头一时不忘。只可怜我妹妹这样命苦，怎么姑妈偏就去世了！"一席话，既让老祖宗悲中含喜，心里舒坦，又叫林妹妹情动于衷，感激涕零。而当贾母半嗔半怪说不该让她伤心时，王熙凤话头一转，又说："正是呢！我一见了妹妹，一心都在她身上了，又是喜欢，有时伤心，竟忘了老祖宗。该打该打！"至此，她把初次见林妹妹应有的又悲又喜又爱又怜的情绪，抒发表演得淋漓尽致。不仅照顾了林黛玉思母及顾及贾家态度的心理，还顺应了贾母的心意，真真是看人说话的高手。

女性在工作生活中，都会遇见不同类型的人，他们的心理特点、脾气秉性、语言习惯也各不相同，由于这个缘故，也就决定了他们对语言信息的要求是不同的。所以，不能用统一的通用的标准语的说话方式来交流。**只有了解了不同人在沟通过程中不同的特点，才有可能用相应的方法与其沟通，最终达成一个完美的结果。**

因人而异，看人下菜碟儿不是油滑、投机、不诚恳，而是一种技巧、一种艺术。女性要在职场上站得一席之地，撑出自己的一片天空，千万不要拘泥于一种待人策略。

第八章　喜欢抱怨是因为你不够强大

如果上帝要毁掉一个男人，就会让他遇到一个唠叨抱怨的女人，这类女人是全天下男人都避之不及的。如果你想让自己的家庭变得幸福和谐，就从今天开始停止抱怨吧！在爱抱怨的女人眼里，让她干什么都觉得不顺心，就算把她捧到女王的位置上，也许她还会抱怨说，每天什么都不用做，简直快把人憋得发疯了！

1.没有难看的女人，只有缺乏塑己决心的女人

长相问题是女人们工作之余最爱讨论的话题之一，很多女人都认为，漂亮的外表，是最优越的条件，总会时不时受到周围人的关注和称赞，在选择自己理想伴侣上，也是占有主要的决定权，幸福总是在美丽的女人身上实现，相反，长相不起眼的女孩，有人会抱怨父母让自己生得不够美丽，在事事上，总是占有劣势。

但是，真正奇丑无比的人很少，女人美丽与否还是看个人品位和修养，有句话说“三分貌，七分扮”，你抱怨长相，是因为你没用心打扮。多给自己点信心，多看些关于女人的信息杂志和时尚服饰，懂得如何适当包装自己，充实自己，才是最重要的！

有一位夫人，已经六十多岁了，但仍然有一副漂亮的面孔。到现在，她还坚持每周做两次按摩和美容面膜，不化妆的时候也不忘记做脸部清洁，对皮肤保养颇为用心。她总是这样告诉女儿们：“减肥是一生的事情，只有懒女人才会有肥肉。”而她自己165厘米的身高，一生中从来没有超过53千克。

如果以我们的偏见，她应该是一个不顾家庭、只顾玩乐，上了岁数还不懂事的女人。但是，她比任何女人都会打理自己和家人的生活。

她拥有一个十分幸福的家庭，拥有健康的身体，她的子女在事业上也表现突出，她拥有令同龄女人羡慕的条件，因此，总是说自己生活得很幸福。栽培外貌，并不仅仅是想做给别人看。对自己用心的人，自然会更了解自己，知道自己的长处，从而获得自信。虽然一些反对整形潮流和名牌效应的电视节目，

正热衷于批评那些过分执著于外貌的女人，但多数用外貌来表达自信的女人，却活得更健康、更快乐。

比起金钱，栽培外貌更需要诚心和努力。不论多么疲倦也要搭配好第二天出门要穿的衣服，花一点时间化好更漂亮的妆容；为了身材和健康着想，尽量减少晚上吃消夜的次数，当然这样生活需要很大的克制力。

那些认为注意形象的女人，一定过着冲动和不合理的生活的想法，是没有根据的错误观点。生活在以外貌装扮为主流的时代，却不关心自己的外在形象，这无异于是不关心自己。现在和过去不同，在漂亮和健康成为同义词的当下，粗糙的皮肤和肥胖的身材愈来愈不合时宜。将来，不注重自己的外貌，也会受到和不注重内涵一样的待遇，甚至情况更为糟糕。相对而言，不把栽培外貌当作负担，而是当作女人快乐的资本和能享有的特权，生活会更加丰富多彩。

对自己的外貌没有自信的女性朋友们，很可能会认为“外貌竞争力”这句话与自己无关。但是，现在没有必要还停留在20世纪90年代流行的“原封不动的法则”上。只要努力，谁都可以成为“中等美女”。人们区别美女和丑女，比起容貌美丽，更在于“形象美”。长头发、套装、双眼皮等看似过时的条件，却也是成为美女的要素，只要能把适合自己的某一点放大，就能达到意外的效果。幸运的是，女人可以尝试适合脸型的多种发型，也可以通过化妆使自己的五官更加精致，还可以穿高跟鞋来弥补矮个子的缺陷。

像美女一样妆扮自己，你就是一个美女。清晰温和的语调和表情，有风度的行为，这样的女人愈看愈觉得美丽。这种美女的行为，也只有在自认为美丽的时候才能表现出来。女人一旦化了妆、穿上漂亮衣服的时候看起来更美丽，这并不单是因为打扮，而是因为从中得到了自信。

就像一个人的行为和形象成正比一样，就算有了一张漂亮的脸，如果面相凶狠，也不会被人称作美女。让自己具有温和、美丽的心灵，好的气质就会自然而然地从内心散发出来。不是“我很丑，可是我很温柔”，而是“我很温柔，所以我很美”。性格温和、态度积极的人，皮肤也会不错，这是科学上已经证明的事实。

女人，让自己变得外表光鲜亮丽，是至高无上的善行。坚持打理自己，认为自己是个美丽的女人，那么你就可以树立自己的美女形象。所以，停止喋喋不休的抱怨，行动起来吧，你可以变得更美丽！

2.抱怨性别，只是因为你没发现女人的优势

生活中，很多女性朋友喜欢抱怨自己的性别，认为女性在入学、就业和升迁等方面遭受不公平待遇，觉得自己现在一事无成就只因为自己是个女人。

其实不然，科学研究结果表明，女性在智力上并不比男性差。在政治、经济、文化、艺术、科学研究等领域，杰出的女性不胜枚举，绝大多数的职业岗位上女性比男性丝毫不差。同时更要看到，在许多领域，女性有男性无可比拟的优势。所以，**对于女性来说，要想在男人占据绝对统治地位的社会中立足，成就一番事业，自然不能以自己之短去碰别人之长，而是要充分发挥自己的作为女性的优势。**

在生活中，我们常常有这样的经历：如果在大街上，一个女人过来和你搭讪，向你介绍服务或推销产品，你的反感度会远远低于对一个男推销员的反感度。同样的，在医院，你肯定更愿意接受一个声音甜美、动作温柔的女护士的护理，而不是一个五大三粗的男护士的护理。这就是性别优势，女人的性别优势。

举个例子，在销售这个行业，如果能充分开发女人的性别优势，那么女人完全可以做到更好。这是因为女性利用自己的性别优势，在做销售时会有很多优点：

1. 感官优势。女性总是给人一种温柔，婉约，美丽的印象。一般男性都不

会在商业谈判或者生意上很直接、粗鲁地拒绝女性。这就为销售赢得了时间和面谈的机会。实践证明，女性谈业务比男性更容易被对方接受，当然，愿意和你谈并不意味着能谈成功，你想取得业绩，同样要掌握丰富的专业知识和产品信息，你的产品也同样要具有各项优势。

2. 听觉优势。大部分女性，声音甜美，悦耳动听。这也为销售赢得了一个先决条件，对方喜欢听你说，让你有了说的权利。当然，最后能否成功，还要看你会不会说，能不能说得恰到好处。

3. 细节优势。女性一般都能从小处着眼，注重细节。这也为销售的成功创造了条件。

4. 弱势优势。女性在大多数人眼里没有威胁，而且天生就会博得一定的同情，在同等的条件下，男人会把生意给女性做。

其实，这里只是以销售行业作为一个例子，实际上在其他行业中也是一样，女人只要善于发挥自己的性别优势就一定能够做得更好。

女人天性中有很多特点是男人无可比拟的，如温柔、细腻、敏感、有韧性等，这些与生俱来的资质是女人成功的资本，充分认识并发挥这些天质可以帮助女人达到事业的顶端。

比如，上面提到的细节优势，其实也就是女人天生较男人更为细心，这就使得女人无论做什么事都能够考虑的更周全，做事情的态度也更加认真。这样的品质在会计、档案管理等工作中能发挥更大的作用。

而感官优势和听觉优势，其实可以归结为亲和力。女人的亲和力是女人应该努力开发的又一项大的性别优势。女人的亲和力可以在很多时候起到很大的作用，因为无论做什么工作，只要你生活在社会中就要和人打交道，而只要你和人交往，亲和力就是非常重要的一个技能。这在老师、护士等职业中有更明显的体现。

女人的手是最灵巧的，任凭世界上发明的机器人再灵活、再智能也不如女人的手创造的奇迹多。所以，女人在择业时可以充分利用这个优势，如从事一些手工活的制作等，千万不要以为这是“小家子气”，多少人因此而发家呀？

其实，女性还有一个最大的性别优势就是敏感。女人的敏感往往能带来比理性判断更准确的结论。因为理性的判断会被有意识的言语、行为以及感情之外一时的利弊权衡所影响，而敏感的直觉却更能注意到一个人无意间流露出来的内在信息，或内心深处的想法。伟大的发明家爱因斯坦说“真正有价值的东西就是直觉”，在发现宇宙真理的过程中，敏感的直觉给了他很大的帮助。以色列第一位女总理果尔达·梅厄凭直觉感到（犹太教）赎罪日战争即将爆发，但她的内阁的男性成员却忽视了她的预言，他们认为自己“知道”的更多。如果她坚持自己敏感的直觉，千万条生命将得到营救。俄国女皇叶卡捷琳娜大帝也具有类似的洞察力，她预言了法国大革命的兴起。

女人在工作中应发挥这一敏感特性，能够保持对某些问题的敏感，慎重对待直觉的反应，更好地为工作服务。

所以，女人在从事工作的过程中要充分发挥自己的性别优势，亮出自己鲜明的性格特性，让它们成为扶助事业成功的有利条件。只要女人善于发挥自己的性别优势，就会发现“做女人，挺好的”。

3.不抱怨天赋，你一定有过人之处

琳琳经常抱怨自己的父母没有天赋，资质平平，所以生出的自己也没本事，没有给她一个良好的天赋。抱怨自己投胎没投好，希望下辈子自己的父亲是一个聪明能干的人，这样生出的自己也具备好的天赋。

有时候，你是不是也有像琳琳一样的抱怨呢？抱怨自己天赋平平，没有出色的地方，抱怨自己出身的平凡，智力的平凡……**其实，每个人都是一颗未发光的金子，你一定有你的过人之处，只是它隐藏在你的身体中，不容易被发现罢了。**

张家大湾，有一棵三四个人都抱不过来的老皂角树，天气晴好的时候，湾子里的五六个德高望重的白胡子老人，喜欢坐在那些高高突起的树根上，一边抽着烟，一边东一句西一句地说着闲话。

村子里的年轻人，都远走高飞了。那些小不点们，也是翅膀硬一个，就远走高飞一个。那些年轻人，那些小不点们，都是这些老人们望着长大的，也是他们在背后评点着长大的。评点他们中的哪个机灵、哪个笨、哪个有发头、哪个没指望、哪个将来有出息、哪个一辈子都是勤扒苦做的命……那些远走高飞的后生们，绝大多数，逢年过节都是要回来的，有的人回来，是要把全湾的人都给惊动的，自然，也会把那些个白胡子老人，惊得大发感慨。

当一个后生，第一个把自己买的小车开回来的时候，白胡子老人在背后说："这小子，小时候没见他有什么过人之处呀。""他小时候，那么缩头，那么怕见人，见了大人总是躲着走。""他从来就没有喊过，有一次在路上碰着了，他妈妈硬是叫他问好，他竟哭起来了。""他见了女娃子也会害羞，他越是害羞，那些女娃娃们，就越是喜欢跟他闹着玩，有一回，有个大胆的女娃子，居然用印泥把他的脸上抹得红彤彤的，害得他在水沟里洗呀洗呀，洗了好半天也没洗干净。"……

当另一个后生，一下子拿回五万块钱，给湾里修了一座很漂亮的水泥桥，白胡子老人又在背后说："这小子，小时候没见他有什么过人之处呀。""他呀，小时候可调皮了。""呵呵，他居然把鞭炮插到牛粪里去炸、插到人粪里去炸，炸得过路的人一身。""有一次，他爬过张婶家的院墙偷桃子，被拿着棍子撵了好远。""那年水塘里结了冰，他跑下去滑，脚下的冰咔嚓一声就裂了，要不是他打着滚飞快地滚到边上被人救起来，他恐怕早被淹死了。"……

当另一个后生，拿回十万元钱，给湾里修了一条很宽很平的路，白胡子老人又在背后说："这小子，小时候没见他有什么过人之处呀。""他的手脚不知有多笨，他爬树爬不赢别人，摸鱼摸不赢别人，打架更是打不赢别人。""他一个当哥哥的，做什么事都做不赢当弟弟的，气得他的妈一天到晚地骂他蠢猪。"

后来张家大湾又出了一些让这些个白胡子老人大发感叹的人，自然，每次他们都在背后说："小时候没见他有什么过人之处呀。"

正如张家大湾的那些年轻后生一样，**每个人总有自己的过人之处，只是不容易被发现罢了，只要你悉心发掘，是金子，终会有发光的一天。**

曾经有一位女富翁阔别家乡20年后，出资2000万元建了54栋小别墅，然后把这些别墅免费送给同村的乡亲们。这位已经事业有成的千万富翁，她小时候都有些什么过人之处？村子里的人都是怎么看待她的？记者深入采访的结果却是："在村子里，这位富翁留给大家的印象是老实、厚道，虽然有点能说会道，但却看不出有什么过人之处。"哦，原来她在乡亲们的眼里，是个很平常的人啦。

仔细一想，这也很正常。这个世界上该有多少杰出人物和成功者，他们的过人之处是没有人能够看得出来的。在建立非凡的业绩取得非凡的成功之前，他们在人们的眼里，只能是个没有什么过人之处的普通人。

有时候，他们也只能被某些人当作普通人来漠视，来轻视，来蔑视。哦，普通人，就像地上的一棵普通的小草，是没有人特意把他当作名贵花卉移植到花盆里，然后加以特别的爱惜和养护的；有人想从他的身上踩过去，也会一伸脚就踏在了他的身上。

但是那些曾经被人看得很普通很平常的杰出者、成功者，他们在自己的成长过程中，不仅并没因为别人将自己看得很普通甚至很低下而自暴自弃，自生自灭，最终还取得了骄人的成绩，这就说明他们的身上，确实是有着某种过人之处的。或者有着非同寻常的理想，或者有着非同寻常的志向，或者有着非同寻常的毅力，或者有着非同寻常的勇气，或者有着非同寻常的韧劲，或者有着非同寻常的钻研精神。这些内在的品质，身边的人看不出，远处的人看不见，那真的是很正常的。

这些最终走向杰出和成功的人，是自己看到了自己身上的过人之处的，是自己珍惜了自己身上的过人之处的。所以在别人的漠视轻视乃至蔑视的目光里，他们才能一直活得很自信，很安然，很顽强。他们既不跟那些被移植到花盆里得到精心呵护和培育的“花卉”比，他们也不认为自己身上的过人之处没有被人看见，便是一件多么不幸的事。

一位女孩，一位并不漂亮的女孩，曾经有一个梦想：在自己的舞台上唱自己的歌。但有一天，在一名著名音乐人的制作室里，一盆冷水向她泼了过来：“你的嗓音和你的相貌同样不漂亮，我看你很难在歌坛有所发展。”听了这话以后，女孩并没有选择离开，相反，她默默地留了下来，端茶，倒水，制作演出时间表，替歌手拿演出服装……别人问她为什么，她郑重地说：“不为什么，这里是离我的梦想最近的地方。”终于有一天，她微笑着站在了自己的舞台上，用并不惊艳但十分温暖的嗓音感动了所有在场的人。她就是曾被评为“最具真实感的歌手”——刘若英。

许多人屡屡在学业和事业上遭遇挫折，他们总是习惯性地把挫折归结为自身潜质的不足。其实，即便在这些经常灰心丧气的人身上，也往往蕴藏着巨大的、远远超出常人想象的潜能——只不过，潜能的主人并没有意识到，或者意识到了，却不自信，不敢再继续走下去罢了。

每朵乌云都镶有金边，不要抱怨自己的天赋，努力发掘自己的潜力，坚持不懈地去奋斗，你一定也有过人之处。

4. 在充满抱怨的世界里，做一回不抱怨的你

小孩会因为没有按时完成作业而责怪铅笔坏了；一位朋友因做事没有坚持到底而抱怨自己的记忆力差；司机因发生碰撞事故而抱怨路上的坑洼；被遗弃的情人会责备自己所做的一切；气象学家会把恶劣的天气状况归咎为厄尔尼诺或拉尼娜现象；教授会因为有人犯罪而抱怨社会；老师会因学生考试不及格而

抱怨他太懒惰；篮球运动员会因为自己出现失误而抱怨地板质量太差；我们会因为球队在某赛季的失利而迁怒于教练；我们指出是因为碳氟化合物的增加而导致全球变暖；我们会因为所犯的错误而抱怨自己。我们也能从诸如“你想干什么？”“你为什么这样做？”等尖刻的问题中听出隐藏在其中的抱怨。

抱怨如此普遍，但一味抱怨却于事无补。

一名年轻的修道士加入一个要求谨守静默戒律的教团，所有人都要在修道院院长同意之下才能发言。

将近5年之后，院长终于去找这位见习修士，对他说：“你可以讲两个字。”修士字斟句酌，说了：“床硬。”院长慎重考量之后，答道：“很遗憾你的床不舒服。我们会看看能否帮你换张床。”

入院第十年，院长又来找这位年轻修士，说：“你可以再讲两个字。”修士说：“脚冷。”院长说：“我们来看看可以怎么处理。”

在修士入院15年时，院长又说了：“你现在可以再讲两个字。”

修士说：“我走。”院长回答：“这样说不定最好。自从你来之后，除了发牢骚，什么事也没做。”

生活中的我们，就像这位年轻的修士，可能不觉得自己常在抱怨，但的确有诸多的不满意，无意中就在申诉。但是，你可以试想一下，这个年轻的修道士以为自己的生活很不尽如人意，殊不知，别的修道士和他过着一样的生活，一些年老的修道士，日复一日年复一年地忍受着和这个年轻的修道士一样的处境，不以为然。

可见，并不是只有你在忍受糟糕的生活，污染的空气，差劲的食品，其实所有人都一样，大家都是生活在地球上的人类，有着相似的烦恼和不快，你认为你不能忍受而抱怨时，也许几亿人类都在忍受和你一样的痛苦，这样，你的抱怨就毫无意义了。

换一个角度，如果你停止抱怨，换个角度看问题，换一种处理事情的方式，不仅能给自己带来好心情，也能给别人带来方便。

李莉去旅行时，恶劣的天气困住了好几个目的地机场，使得许多班机取消或延误。已经换搭其他班机的李莉，坐在登机门旁，看到柜台处那位不幸的空姐正被众人的抱怨炮轰。大家似乎认定天气不好、班机取消，还有他们遇到的各种衰事都是她的错，每个人轮流把自己的不幸归咎到她身上，李莉看得出来她快崩溃了。

这时，一个小灯泡在李莉脑海中亮了起来："有了！"李莉向来惯于顺从直觉，于是便站起身来，走到那排怨声载道的人龙中占了一个位子。李莉耐心等候着，那位空姐终于站到她面前，抬起疲惫的眼神看着李莉，额头因压力侵逼而皱了起来，她问："小姐，我能为您服务吗？"

李莉说："能。"然后李莉请她在跟自己说话时装出忙碌的样子。李莉告诉她，自己来排队是要给她5分钟的休息时间！在她打字时（李莉不知道她在打什么），李莉提醒她，当这些人都打算毁了她这一天，她的生命中还有其他真正关心她的人，她也有自己热爱的事物，能赋予她生命的意义，这些都远比今天在这里发生的事更重要。既然如此，此刻的一切就没什么大不了，也不该让她心烦。李莉和她来来回回聊了几分钟，她则继续看似忙碌。

看她重新恢复冷静后，李莉知道她得回去工作了，于是李莉祝福她有很棒的一天，告诉她该服务下位客户了。空姐抬头看李莉，李莉看出她双眼中泛着微微的泪光。空姐说："非常感谢你。真的不知道该怎么谢你。"李莉微笑着告诉她，感谢的最佳方式就是：**当生活中出现了烦心的事情后，不要去抱怨，因为很多人和你一样，都会遇到这种情况。**

抱怨就像思维的一种慢性毒药。在我们的大脑中毒的同时，我们的人生态度、行动被"抱怨"这种强烈的毒性感染。在抱怨的生活中，我们的意志不断受到消磨，就像可以"溃堤"的蚂蚁一样，精神之堤瞬间被生活的洪水化为乌有。

我们就像陷入了抱怨的泥潭，无法自拔……在庸常生活的抱怨中，找不到灵魂的出路，囿于抱怨的牢房。不知道如何走出抱怨的世界，给自己一个完美的世界。

葡萄牙作家费尔南多·佩索阿说："真正的景观是我们自己创造的，因为我们是它们的上帝。"就像费尔南多·佩索阿说的那样，在生活中，我们才是自己的上帝，我们在创造自己的完美世界。

所以，各位女同胞，要学着停止抱怨，看看同样生活在这个地球上的别的人是怎样生活的，然后学着去过得更好，因为，**不能改变世界，就要学会适应。**

5.能让你抱怨的障碍，也同时能让你变强大

生活中如果常常因为一点不顺心的事就抱怨,能改变这个糟糕的现实吗？能让你快乐吗？不停地抱怨，你是想让别人怜悯你，还是让别人觉得你懦弱无能？那些让你抱怨的障碍，你有没有想过用另一个视角去看它们，也许这些障碍可以让你变强呢？

不要抱怨生活给予了太多的障碍，不必抱怨生命中有太多的曲折。**大海如果没有了巨浪的翻滚，就会失去雄浑，沙漠如果没有了飞沙的狂舞，就会失去壮观，正是这些障碍激起了你人生的斗志，去把自己变得更强大，如果没有这些障碍，生命也就失去了存在的魅力。**

玛丽·居里出生于波兰华沙，她是家中5个子女中最小的。她的父亲是一名收入十分有限的中学数理教师，妈妈也是中学教员。玛丽的童年是不幸的，她的妈妈得了严重的传染病，是大姐照顾她长大的。后来，妈妈和大姐在她不满10岁时就相继病逝了。

她的生活中充满了艰难。可是，这样的生活环境不仅培养了她独立生活的能力，也使她从小就磨炼出了非常坚强的性格。玛丽从小学习就非常勤奋刻苦，对学习有着强烈的兴趣和特殊的爱好，从不轻易放过任何学习的机会，处

处表现出一种顽强的进取精神。

从上小学开始，她每门功课都考第一。15岁时，就以获得金奖章的优异成绩从中学毕业。她的父亲早先曾在圣彼得堡大学攻读过物理学，父亲对科学知识如饥似渴的精神和强烈的事业心，也深深地熏陶着小玛丽。她从小就十分喜爱父亲实验室中的各种仪器，长大后她又读了许多自然科学方面的书籍，更使她充满幻想，她急切地渴望到科学世界探索。

但是当时的家境不允许她去读大学。19岁那年，她开始做长期的家庭教师，同时还自修了各门功课，为将来的学业做准备。这样，直到24岁时，她终于来到巴黎大学理学院学习。

她带着强烈的求知欲望，全神贯注地听每一堂课，艰苦的学习使她的身体变得越来越不好，但是她的学习成绩却一直名列前茅，这不仅使同学们羡慕，也使教授们惊异，入学两年后，她充满信心地参加了物理学学士学位考试，在30名应试者中，她考了第一名。第二年，她又以第二名的优异成绩，考取了数学学士学位。

1894年初，玛丽接受了法兰西共和国国家实业促进委员会提出的关于各种钢铁的磁性科研项目。在完成这个科研项目的过程中，她结识了理化学校教师皮埃尔·居里，他是一位很有成就的青年科学家。用科学为人类造福的共同意愿使他们结合了。玛丽结婚后，人们都尊敬地称呼她居里夫人。

这让人想到世人熟知的美国总统林肯，他幼年时代住在及其粗陋的茅舍里，既没有窗户，也没有地板。以我们今天的观点来看，他有如生活在荒郊野外。他住的地方距离学校非常遥远，既没有报纸书籍可以阅读，更缺乏生活上的必需品。

就是在这种情况下，林肯一天跑二三十里路，到简陋不堪的学校里去上课；为了学习，要奔跑一两百里路，去借几册书，而晚上又要靠着燃烧木柴发出的微弱火光来阅读。他之所以能成为美国历史上最伟大的总统之一，是他靠自己不懈的奋斗精神，从不抱怨生活而止步不前。

看到这里，很多女性朋友可能会问，怎样才能做到克服眼前的障碍而不是抱怨，从而让自己变强呢？下面几点可能会对大家所有帮助。

换一种心情对待不如意的事情。同一件事，角度不一样，想法不一样，可能得出来的观点就不一样。比如别人对我们说了难听的话，从我们的角度说当然很生气，但如果站在他的角度呢？也许他在为我们提意见呢！一个好的故事可以纯欣赏，但也可能成为改变一个人的契机，知道自己需要改善的地方，并且努力去完成它，才是真正有勇气的人，而成功总是属于那些坚持到底的人。

己所不欲，勿施于人。当你真正了解抽烟会影响他人健康的时候，也许你就不会抱怨别人因为你在公共场合抽烟而批评你了，你也不会抱怨别人都是针对你的了，当然，你也不会因此抱怨爱人怎样跟你过不去了。

适当改变自己。每一个人其实都想过更好的生活，但却不希望改变自己，然而天下没有白吃的午餐，一分耕耘就会有一分收获，如果你希望拥有大成就，你就必须具备一个像赢家的思考态度或行为规范。

困难程度越大，竖在你面前的跨栏越高，你跳得也越高。这是生命的本能使然，是生命的抗争使然。暂时遇到障碍的女性朋友，别再苦恼，让我们在挑战中磨炼自己，强大自己。慢慢地，你会养成不抱怨的好习惯，潜移默化中，你变得更出色、更完美了！

6.只有天真的女人还在等待机会掉进怀里

从前，有一位才华横溢、技艺精湛的年轻画家，早年在巴黎闯荡时却默默无闻、一贫如洗。他的画一张都卖不出去，原因是巴黎画店的老板只寄卖名人大家的作品，年轻的画家根本没机会让自己的画进入画店出售。

成功似乎只是一步之遥，但却咫尺天涯。谁知过了不久，一件极有趣的事发生了。画店的老板总会遇上一些年轻的顾客，热切地询问有没有那位年轻画家的画。画店老板拿不出来，最后只能遗憾地看着顾客满脸失望地离去。

这样不到一个多月的时间，年轻画家的名字就传遍了全巴黎大大小小的画店。画店的老板开始为自己的过失感到后悔，多么渴望再次见到那位原来是如此“知名”的画家。

这时，年轻的画家出现在心急如焚的画店老板面前。他成功地拍卖了自己的作品，从而一夜成名。

原来，满腹才华的画家当兜里剩下十几枚银币时，他想出了一个聪明的方法。他用钱雇佣了几个大学生，让他们每天去巴黎的大小画店四处转悠，每人在临走的时候都要询问画店的老板：有没有他的画？哪里可以买到他的画？这个聪明的方法使画家的名声鹊起，因此才出现了上面的一幕。这个画家便是伟大的现代派巨匠毕加索。

不是每一块金子在哪里都会发亮的。譬如，当它还埋在沙土中时。同样，也不是每一位有才华的人就一定会飞黄腾达。**当机遇不至的时候，怨天无人是无济于事的。这时，不妨学一学毕加索，动一动脑筋，想一个聪明的办法来创造自己的机遇，而不是怨天尤人，那么，成功说不定也就不期而至了。**

一天，上海大众公司的“的姐”刘姐正开着车。在提篮桥附近，她看见一西装革履的“老外”，搓着手在马路边焦急地走来走去。刘姐立即下车走过去，用生硬的英语问这位先生为什么这么着急，自己能够提供什么方便。

原来“老外”约定的车没有来，而他正要出席一次非常重要的会议。刘姐请“老外”上车，立即把他送到浦东的会议地点——金贸大厦。因为“老外”没有带现金，刘姐“免”了他的车费，而且给对方留下了自己的名片，叮嘱“老外”有困难不妨再找她。事毕，刘姐渐渐地把这事给淡忘了……

又过了些日子，公司里的人事经理找到刘姐，说一跨国财团的地区总裁要请她去开专车。原来刘姐送的那位“老外”正是这位总裁，后者根据刘姐留下的名片“按图索骥”找到了大众公司，在了解了刘姐平时的相关情况后，决定以月薪2000美元，聘请刘姐为自己专门开小车。公司也“成人之美”，给刘姐

"放行"。后来，刘姐又被对方聘为特别行政助理，薪水自然也涨了一大截。

有人说，刘姐是走了好运。这话没错，刘姐确实交了好运。可当初她若悄然离开"老外"，也没什么说不过去的，当然也就没有以后的所谓"好运"。问题是这种"机遇"并不是人人都能看准和抓住的，刘姐靠的是自身秉性。可见，做好本职，脚踏实地，就可能创造机遇。

无独有偶，湖南卫视晚间新闻节目组在西藏拍摄电视新闻片，傍晚时分，摄制组一行在一家路边店就餐。这时来了个身背吉他的年轻人，站在摄制组导演旁边说："先生，给你唱支歌好吗？不要钱。"免费听歌，谁都会乐意，导演点了点头。于是这个年轻人亮出自身的实力，一展歌喉，受到摄制组全体人员的赏识，很快被摄制组在茫茫人海中发掘出来，推到了观众面前，成了一名当红歌手。显然，他的成功得益于自己给自己创造了机会。

是啊，天上不会掉下馅饼，机会不会掉进一个人的怀里。**庸人常抱怨机会的不惠顾，出类拔萃的人则会寻找并获取机会，让机会真切实在地为自己服务。**

那么如何才能做到自己创造机会呢？这就需要各位女性朋友注意下面六个方面。

1. 比别人多出一份力：要比别人做得更勤、更好、更出色。

2. 开创思路，有所创新：必须选准目标，调查分析既定的市场环境，采取相应的策略才会取得收益。

3. 亏本生意也要做：只要付出了，未必得不到回报。

4. 贪多勿滥：只有把一件事做好、做精，才会有好的质量，才会有市场。

5. 先做好眼前的事情：不论眼前的工作多普通，只要做好了，也能成为我们成功的阶梯。

6. 持之以恒：浅尝辄止，常常会使我们失去唾手可得的机会。

有一句话说得好：机会，等不来，做不来，它永远属于有充分准备的头脑，永远属于善于把握机会善于创造机会的人。**生活的法则就是这样，有能力**

的人会抓住机会；更有能力的人给自己创造机会。提前准备，主动出击，你才会得到机遇的垂青。

7. 关注拥有的，别总抱怨失去的

佛经中有这样一个故事：

有一天，佛陀外出云游，路上遇见一位诗人。诗人年轻、有才华、富有、英俊，而且拥有娇妻爱子，但他总觉得自己不幸福，逢人便抱怨上天对自己不公。

佛陀问他："你不快乐吗？我可以帮你吗？"

诗人回答："我只缺一样东西，你能给我吗？"

"可以。"佛陀说："无论你要什么，我都可以给你。"

"是吗？"诗人盯着佛陀，一字一顿、满脸怀疑地说："我要幸福！"

佛陀想了想，自言自语道："我明白了。"

说完，佛陀施展佛法，把诗人原先拥有的一切全部拿走——毁去他的容貌、夺走他的财产、拿走他的才华，还夺走了他的妻子和孩子的生命。做完之后，佛陀立即离去。

一月后，佛陀再次来到诗人身边。此时的诗人，已经饿得半死，躺在地上呻吟。佛陀再施佛法，把一切又还给了诗人，然后悄然离去。

半个月后，佛陀再次去看诗人。这一次，诗人搂着妻儿，不停地向佛陀道谢。因为，他已经体会到了什么是幸福。

生活中，我们不正像那位诗人一样吗？——**对自己身边所拥有的幸福视而不见，抱怨失去得太多，还苦苦寻觅所谓的幸福与快乐。**

其实生活就是这样，它在无形中就已经给了我们必需的东西，是追逐的目光和抱怨的心理使我们不懂驻足欣赏我们已经拥有的幸福。当一切失去时，才蓦然发现它的珍贵。

艺术大师罗丹说过："生活中并不缺少美，只是缺少发现美的眼睛。"处在当今社会的物欲横流中，每个人的脚步都变得越来越忙碌，很多人的眼光都变得越来越势利，人们忙着追求，忙着索取，直至失去了沉静的本能，成为物质的奴隶。人们最常说的一句话就是："钱不是万能的，没有钱却是万万不能的。"诚然，物质是生活的必需，但是不要忘了，用心感受快乐和幸福，珍惜你现在拥有的而不是抱怨所失去的，这并不会影响你的追求。

抱怨失去的，并不能帮助你把他们重新找回来，相反，在抱怨的时候，你需要把很大一部分的精力放在抱怨上，而这样你做其他事情的精力就会少了很多，于是你很可能会因为忙于抱怨失去的而失去更多，从而在不经意间陷入一个恶性循环。

有句广告词说得好："不在乎天长地久，只在乎曾经拥有"，其实真的是这样。一个人一辈子的时间有限，精力有限，如果把这些时间都放在了抱怨失去上，而忽略了自己拥有的，等到想关注那些拥有时，也许他们也已经失去了。所以，各位女性朋友，你应该做的是关注拥有，而不是抱怨失去。

也许有的女性朋友会说，有谁愿意抱怨啊？你是不了解我的痛苦！确实，生命的苦旅中有无数艰难险阻，甚至让人难以承受。但是抱怨又能怎样呢？而且当你看完了下面的故事，相信大多数人都会明白，我们甚至没有抱怨的资格！

2004年5月的一个晚上，在12000余名听众雷鸣般的掌声中，一位"半身人"用双掌撑地，一步步地走上了青岛天泰体育场的主席台。

这个半身人来自澳大利亚，名叫约翰·库缇斯，天生没有下肢，但是他却用双掌走遍了世界上190多个国家和地区，被誉为"世界上最著名的残疾人演讲大师"。此外，他还是全大洋洲的残疾人网球赛的冠军，是游泳健将，甚至会用两只手开汽车。

"大家好！"打过招呼，库缇斯拿起了桌子上的矿泉水瓶子，边比划边说："从一出生我就是个悲剧，当时我只有矿泉水瓶这么大，两腿畸形，医生断言我活不过当天，可我活到了现在，35岁的我依然健在，而且经常在世界各地旅行……”

库缇斯一口气讲了半个小时，其间，观众们的掌声几乎就没停过。最后，库缇斯突然举起手里的一件东西说：“我非常感谢青岛朋友的热情招待，我住的宾馆条件非常好，但有一样东西让我不知所措，服务生却每天都会把它放在我的床头。”说完，库缇斯把他说的东西扔向了听众席，原来是一双一次性拖鞋。

听众席一片肃静。

“如果你能穿拖鞋的话，你是幸运的，你是没资格抱怨的！不是每个人都能够穿拖鞋的！”库缇斯大声说。听众席上立即爆发出一连串的喝彩声，紧接着是长久的掌声。

正如库缇斯所说，你要关注你所拥有的，至少你四肢健全，这样就比库缇斯幸福很多!

哲人说：“苦海即是天堂，天堂也即苦海”。想想真是如此，有时候我们明明生活在天堂，却总是觉得自己苦不堪言；而我们意识当中的苦海，却有很多人生活得不亦乐乎。这一切，其实都源自于我们的心态。

那么现在，让我们自问一句：和库缇斯相比，你有没有资格抱怨？如果没有，还是及早放弃抱怨，学会珍惜吧！**只要抛开那些无谓的烦恼和杂念，学着去适应、去发现、去感受、去改变，你一定会摆脱抱怨的束缚，发掘到幸福快乐的真谛。**

8. 做成熟的女人，不要抱怨你的家人

父母过世以后，大勇一直和妹妹小玲相依为命。大勇在一家建筑公司上班，小玲则在家料理家务。

周末下班回到家，小玲一脸冰霜地抱怨道：“哥，你怎么又回来晚了！对

了，刚才物业又来收取暖费了，你发工资了没有？"

"还没有，经理说……"

"说，说什么？一个大男人，一个月才赚1000块，还每个月拖、拖、拖，你看人家小丽的哥哥，现在都做部门经理了！"

"他有本事，你去找他呀！别在我这待着！一天到晚不干活，你说我一下班冷锅冷灶的，哪有心思干活？猴年马月也当不上经理，都是让你给拖累的。"

"不就今天没做饭吗？我每天在家当洗衣妇、烧饭婆，哪一天不是累得腰酸背痛的？今天我还就不做了，你自己看着办吧！"

"你累，难道我就不累吗？你知不知道，现在金融危机越来越严重，我们公司又要裁员了，我的压力有多大，你知道吗？"大勇越说越气，到最后怒不可遏，随手把手里的公事包砸到了小玲身上。

"呜——呜。"小玲像个泼妇似的号啕大哭起来。

"这日子没法过了！"大勇抬腿出门，到外面的小饭馆喝酒去了。

大勇并不知道，小玲之所以没给他做饭，而且向他抱怨，其实是因为心爱的男友抛弃了她。小玲非常伤心，却又无处排解，只好把烦恼发泄到了哥哥身上。但她哪里知道，哥哥正面临着失业的压力，心情也好不到哪里去。如此一来，家庭战争在所难免。很明显，他们缺乏必要的沟通，他们不应该动不动就苛求、指责对方。这个道理很多人都懂，但是很少有人注意到苛求他人的严重性。很多时候人们总是过于在意自己的感受，却忽略了家人同样需要安慰和体贴。家庭生活中，相关的抱怨此起彼伏：

——你看人家阿娇的老公，住豪宅、开名车，你再看看你，怎么这么不努力、不争气？说，你什么时候给我买金项链？

——你怎么每次都落在人家小刚后面，你也争争气，给我考个第一回来！

——爸爸，我同学的爸爸都是局长级的了，您怎么还是个小职员啊！跟人一说都不好意思！

类似的家庭，其幸福指数有多高，相信任何人都可以想象得出来。这样的家庭，不争吵才怪呢。

其实，对于我们的家人，我们不能苛求什么。只要是我们的家人，无论性格、能力、地位怎样，他们都是你在这个世界上最亲近的人，你都应该学会去欣赏、去包容、去喜欢。有些事，很容易去做，比如埋怨，比如指责。但是抱怨和指责之后，你会发现这非但于事无补，还会让我们的家人受到伤害。与其如此，何不学着宽容？何不试着给予？

正如说公司的坏话会降低你的价值一样，对外人抱怨自己的家人也会有损你的品格。

首先，抱怨父母除了会使自己和父母之间的关系恶化之外，并没有其他的帮助。因为就算再说父母的坏话，自己也是他们的孩子，是被他们抚养长大的，这一事实无可动摇。接受、肯定这一事实，去爱并不完美的父母，可以锻炼自己宽容的品质，而且中国的传统文化就是百事孝为先，对父母抱怨太多是为社会道德所不认同的。

其次，对于丈夫也是一样。结婚时已经决定和这个人共度人生，在漫长的婚姻生活中，有时想控诉一下对丈夫的不满、发发牢骚可以理解，但对朋友或熟人说这些，也只会使人家徒增困扰而已，对于夫妻之间矛盾的化解，抱怨通常都不会有实质性的意义。

因为，如果你是被拉去倾听抱怨的人，相信你也给不出具体的意见，也只会劝说“话虽如此，但他也有优点呀”。并且心里还会想，“这么多抱怨，干什么不跟他分开呀”。

而且，时过境迁，你的心情也会发生变化，以前觉得根本无法忍耐的事，现在发现也没什么大不了的，这种情况屡见不鲜。心情变化之后，往往会忘记自己的不满和牢骚，而只记得曾经劝解过你的好友和自己一起说过丈夫的坏话，这样一来，对友情也无益。

另外，很多女性朋友都有的一个错误观点就是：父母和孩子绝对站在自己这一边，肯定不会泄露出去，所以在他们面前抱怨丈夫。于是很多女性常常会把抱怨丈夫的话讲给他们听，但这只会使对方担心和烦恼（与此相似，夹在婆媳之间的男人会面对双方的不满和批评，日子一定也很不好过）。如果真的和丈夫之间出现了重大问题，无论如何也无法继续维持婚姻了，那么也不要把相关者都卷进来大闹一通，而是应当请婚姻问题专家或律师介入，不要使纠纷久拖不决。

最后，对孩子抱怨。对孩子不满的原因很复杂，很多时候是因为自己的期待过高、爱得过深所致。如果朋友向你抱怨自己的孩子，那么轻描淡写地说一句"真的，孩子就是让人没办法"、"孩子不会都像父母想的那样啊"，是比较稳妥的做法。

家是一个人生活的避风港，是一个应该能够给人带来安全和放松的感觉的地方。尤其对于女人来说，家庭更是她的依靠。一个和谐的家庭是所有家庭成员安心工作和学习的基础，是全家人拥有快乐、幸福生活的必要条件。所以，一个家庭的气氛十分重要。

而女人，在家庭里通常充当着一个协调气氛，维护家庭和谐的角色。如果一个家庭中的女人整日唠唠叨叨，抱怨东抱怨西，还抱怨家人，那这个家庭势必不会有好的气氛和生活。

所以，如果想要获得幸福、快乐的家庭生活，就要做成熟的女人，就要要求自己：要求自己对家人、对爱人，以及身边所有的人都好一点，更好一点。当你找到了自己深藏已久的爱心，当你学会了欣赏和付出，你自然就远离了苛求和抱怨。随之而来的收获，同样会让你始料不及！

第九章 做一个会装傻的聪明女人

洛克菲勒曾在给儿子的信中说："装傻带给你的好处很多很多。装傻的含义，是摆低姿态，变得谦虚，换句话说，就是瞒住你的聪明。越是聪明的人越有装傻的必要，因为就像那句格言所说的——越是成熟的稻子，越垂下稻穗。"一个女人，在处世之时一定要心里如明镜般清楚，表面适度迷糊。

1. 有时要睁大双眼，有时要闭一只眼

月有阴晴圆缺，花有花开花谢。世界上本来就没有完美无缺的事物，也不存在完美无缺的人。如果你总是用过于挑剔的眼光去看世间万物，你会发现世间存在如此之多的不完美。在人际交往中也是同理，如果你总是睁大双眼看身边的人，就会发现每个人身上都有许多弱点，如以这种尺度去寻找朋友，你就会对生活感到失望。你的过分挑剔以及过分苛求，会会你最终连一个朋友也找不到，或者说你的朋友，因为你过分睁大双眼，而对你敬而远之，远而避之，直至退避三舍。所以说，一个人要想赢得友谊，就要学会用宽容的眼光去看别人，多发现别人身上的优点和长处，少挑剔别人的缺点和短处。

有这么一句话叫："世界上本不缺少美，只是缺少发现美的眼睛。"其实，每一个人都有属于他自己的优点和过人之处，问题就在于你怎样去看。比如某人生活能力虽然有点差，但事业上很有才气，那么，如果能够睁一只眼闭一只眼，择其长处学习，你就会欣赏到他的魅力，和对方建立友谊、相处和睦。

相反，如果你睁开两眼看对方，并且放大对方的缺点，要求人家什么都要好，最终你将失去友谊和失去朋友。睁一只眼闭一只眼看朋友，是一种宽容的处世之道。当你的朋友过去曾失足过，或者至今有某些缺点，你与他相处，不妨回避对方的伤疤，忘记他的过去，尊重他的今天，寄希望于他的明天，并不断给予鼓励和关怀。

所以，我们其实完全不必要把别人的过去洞察得完全透明化，只要你认为

对方是一个真诚的人，即使某些人的个性、做事风格与你格格不入，或者某些人有你不认可的一些习惯，你也不必太在意，睁一只眼闭一只眼才能使你获得良好的人际关系，才能为你人生的发展打好人脉基础。睁一只眼，就要多看到对方的长处；闭一只眼，就是少看到对方的弱点。这才是聪明者应持的态度，你才能享受到生活的乐趣。即使在别人犯错误甚至伤害了你的时候，也要尽量对别人抱持宽容的态度。这样不仅能使你的人际关系更融洽，还能提升你的个人形象，得到别人的尊重和喜爱。

“睁一只眼闭一只眼”是一种宽容精神的外化，意味着理解和通融，是融合人际关系的催化剂，也是建立友谊虹桥的基础。“睁一只眼闭一只眼”不是说对别人的伤害或指责无限制的妥协，而是在理解的基础上用这种宽容的方法来争得彼此的相互理解，合理地处理面对的事情，还能在这一过程中认识到自身的不足，获得全方面能力的提高，并得到别人的尊重和喜爱。

戴尔·卡耐基在电台上介绍《小妇人》的作者时候，一不小心说错了一个地理位置。一位女性听众就恨恨地写信来批评他，把他批评得体无完肤。卡耐基气得立马想回信告诉她：“我把区域位置说错了，但从来没有见过像你这么粗鲁无礼的女人。”

但他控制了自己，没有向她回击，他先让自己冷静了一会，然后开始进行反思，他自问：“如果我是她的话，可能也会像她一样愤怒吗？”他尽量站在她的立场上来思索这件事情，认为那位女性听众之所以能够明确指出自己的这些小失误，肯定是用心听了自己的节目，并且还能够来信指出自己的不足，这是对自己的喜爱和支持啊。

想到这里，他也就谅解了那位女士“粗鲁无礼”的批评。于是，他打了个电话给那位女士，再三向她承认错误并表达道歉。这位女士也表示自己的方式不对，希望他不要介意，并表示了对他的敬佩，希望能与他进一步深交。

卡耐基用“睁一只眼闭一只眼”的宽容去理解别人，“闭一只眼”使他能够忽略那位女士无礼的批评方式，“睁一只眼”，使他看到了那位女士的指责是对他的支持和帮助，正是这种宽容的态度，使他最终得了别人的尊重和敬佩。

当某人从前曾冒犯你，或做了对不起你的事情，如他已认识到了自己的过错，此时你也不妨闭上一只眼，释怀以往的误会与冲突，热情坦然地去开始新的交往。这自然不是无缘无故的宽恕，而是一种风度，同时让对方认识你有不凡的胸襟与风度。如果能够做到这些，你不仅能结交到很多知心好友，你的心胸和眼界也会在这一过程中得到扩展。

“睁一只眼闭一只眼”是一种积极的人生态度。“睁一只眼”是喜人之长，“闭一只眼”是能容人之短。既能喜人之长，又能容人之短，才更显出胸怀的宽阔、人格的高尚。

为人处事就要学会睁眼闭眼，遇到原则性问题要睁大双眼，一定要坚持主见，不妥协，小事要懂得变通，睁一只眼闭一只眼，这样会更有利于人际关系的沟通，更有利于事情的解决。

2.不要做一个“半聪明不聪明”的女人

德国著名诗人歌德说：“傻瓜和聪明的人都是同样没有危险的，危险的是半傻不傻和半聪明不聪明的人。”

“半傻不傻和半聪明不聪明的人”其实就是指那些耍小聪明的人，或者硬装聪明的人。这正如喝酒与打醉拳，真醉和装醉是完全不同的两种情况，真聪明者和装聪明者是截然相异的两种人。玩“醉拳”的，是“形醉而神不醉”，“醉”是“醉”在“虚”处，是迷惑对手，而“拳”却击在“实”处，招招乃致命杀手。装聪明的，是“外聪明而内愚蠢”，“聪明”是皮毛表象；而“真聪明”却“聪明”在节骨眼上，事关一生命运。

所以，**绝顶聪明的人不喜欢摆弄自己的聪明，以免让别人窥得自己的真实**

意图；而耍小聪明的人却经常处处卖弄聪明。

对于“穷忙族”来说，聪明是件好事。可是聪明过了头，耍小聪明，却未必是件好事。因为有很多“穷忙族”就是聪明反被聪明误的。

耍小聪明的人头上都悬着一把“尚方宝剑”，这把剑随时会落到聪明者的脖子上，来斩下他的头颅。那是一种极其危险的游戏。如果一个人总是爱耍小聪明，那就成了一种愚蠢。

世界是无限的，而人类的聪明却是有限的。有些人属于假聪明，却并不自知，其结果可想而知。

李娜是一家电器公司的销售经理，她近来明显地感到自己的地位岌岌可危，因为手下的一个业务员的销售业绩就像竹子拔节似的噌噌往上蹿，眼看着就要追上自己了。而一旦如此，按照公司“能者上，平者让，庸者下”的规定，她不仅要让出已经把持了五年的经理位置，而且大笔奖金和福利也都将化为乌有。

所以，她妒火中烧，一直在想找个办法保住自己的经理职位和丰厚待遇，最后她竟然利令智昏，采取了极不光彩的行动。她打听到这位业务员的最大客户的联系方式，偷偷地公关起来。她信誓旦旦地向对方的采购经理许诺给他一定回扣，条件是让他取消业务员的这笔大单子。然而，李娜做梦都没有想到的是，她不知道对方的采购经理就是老板，而且企业又是私营企业，回扣这一套根本就行不通，对方对她这样的行为非常反感，就把李娜的行为通报给了那位业务员。业务员如实地向公司领导反映了情况。因为违反了公司的规章制度，在确凿证据面前，李娜只好离开了公司。

有些人的聪明藏在内，而有些人的聪明露在外。前者是真聪明，后者则是假聪明。很明显，李娜就是属于后一种，她徒然具有一副聪明的外貌，却并没有聪明的实质——小聪明，大糊涂。其实没有比这种假聪明更误大事了，一个机关算尽的人最终一定会算到自己头上。“搬起石头砸自己的脚”，正是“聪明反被聪明误”的绝妙写照。

俗话说："不因善小而不为，不因恶小而为之。"但是，还有一些聪明人生性就贪，总是对不属于自己的东西喜爱得不得了，恨不得据为己有，对公司的财产也是如此，见了便宜就占。更有甚者，利用自己工作上的一点点便利，也会乘机大捞一笔，这样的人自然会为老板所唾弃。

俗话说，越是半桶水，越是晃得厉害。只有小聪明的人，才会飞扬跋扈，喜爱卖弄自己那点不多的学问，真正聪明的人，就像满满的一桶水，十分沉稳。**有大智慧的人，其实并不习惯显山露水。他们低调，也爱装傻，总是喜欢虚心地向人请教问题，利用别人的知识不断丰富自己的学问。这样的人，才能不断地进步。**

聪明固然是造物者的一大恩赐，但是聪明过度就危害到了本身的生存，聪明反被聪明误。对聪明人来说，是这样，如果你本不聪明，而故作聪明状，那就更不是滋味了。

所以无论在工作还是生活中，一定要引以为鉴，坚决不能犯"聪明反被聪明误"的错误。凡事三思而行，总会得益良多。

懂得摆低姿态，谦虚好问，适时装傻的人，会得到装傻的很多好处，这样的聪明人，也会越来越聪明。而喜好装聪明的真正傻人，也同样会越来越傻。

3.为人处世，眼里要容得下沙子

《呻吟语》中有言："目不容一尘，齿不空一芥，非我固有也。如何灵台内许多荆榛却自容得。"

这段话说出了一定的道理，任何事物都并非是一成不变的。**目不能容尘，齿不能空芥，这些都并不是人天生就有的本性。俗话说"眼睛不揉半粒沙子"，其实眼里进沙总是难免的事，不小心便迷了眼睛，尘沙混入自是常事。**

这就告诉我们不能武断地下结论，某事行或不行，某人好或不好。我们要理智看待，巧妙处理各种关系。待人接物，为人处世须得多方考虑才行。

常人有时也有一得之见，一己之长，遇到机会触发就会有所表现，而智者反而由于各种原因不能考虑到，这就是古人说的人下之人有人上之智。因此，容纳那些德行有过但确有才干的小人，对方可能会在意想不到的地方派上大用。俗话说，金无足赤，人无完人。如果你事事苛察，求全责备，眼里容不下一粒沙子，凡事睚眦必报，怎么会有人跟随你呢？

在这方面表现最为杰出的，恐怕要算战国时的孟尝君了。据说齐国的孟尝君养客三千，谁知有个门客居然和他的夫人勾搭上了。有人向孟尝君告发了这个“第三者”，建议把他杀了。孟尝君听后却只是淡淡一笑说：“男女相悦，人之常情。这种事那么认真干什么？”

后来孟尝君把那个门客推荐给卫国国君，当卫国准备联合各国讨伐齐国时，那个门客持刀胁持卫国国君，据理力争，终于使卫国国君打消了攻齐的念头。

虽然这个故事与战国时代女人地位低下有关系，但孟尝君器量之大，不也是很惊人吗？**一个人在现实中过于好斗、好强、好胜，好为人师，所谓“眼睛里面容不得沙子”，其结果只能导致人们或敬而远之，或众叛亲离。**

当前流行一种说法，认为“忍为上”。其实，这“忍”字从某种意义上说便是一种宽容，交朋友同样需要宽容，与人方便与己方便，与人为善于己为善。可就是有这么一些人，在他们眼里，什么都是沙子，硌得他们心里难受。尤其是在职场上，他们看谁都不舒服，有人暗地里叫他们“看不惯”。事实上，这种经常对身边的人和事物“横挑鼻子竖挑眼”的人，可能是为了自欺欺人地掩饰自身的不足，达到心理平衡。

这些格外挑剔的人，与一般的“完美主义”有所区别，他们一般只把矛头指向别人而不是自己，眼里容不得的是进步或优点，而不是缺点。

这些人一看到同事和领导讨论工作，就觉得他是想拍马屁或“告密”；有的人听到身边人赞美别人，就认为肯定是要拉帮结派，以达到孤立某个人的目的；有的人看到同事在会议上提出一个新点子，就认为这个人是故意出风头；还有人看到单位里的年轻人穿着入时、用先进的东西，就对此嗤之以鼻，觉得人家不务正业。

对于这些老看不惯别人的人，他们是为自己的"落后"找个借口，以维持心理平衡。在职场当中，老员工出现这种情况的比较多。有些人看到身边的人努力工作，绞尽脑汁地想新点子，用自己的热情营造好的人缘，可反观自己呢，工作缺乏热情、鲜有进展，这种对比很容易造成心理失衡。所以他们为了遮掩自己的"落后"，就"先发制人"，硬找出别人的"毛病"，用"大家谁也不比谁好"来维护自尊。

除此之外，还有些人是因为他们对某些事情，尤其是对"新"存在偏见，为了维护旧的"秩序"，也容易老把"看不惯"挂在嘴边。当然也有一部分人是过分以自我为中心，总是难以宽容别人的缺点，而恣意放大自己的优点。

这些"眼里容不得沙子"的人，是心胸狭窄的人，她们在事业上不会走的长远，不会永远成功，在生活中，也不会得到幸福。

宽容是一种美德，也是一种交际准则。有很多时候，我们看到的或听到的往往不一定是全面的，有时是极为偏颇的，在此种情况下，如果不宽以待人，则很容易因不了解情况而言不中的，造成误会，使人与人之间的友谊遭到破坏。

4.不要轻易指出别人的谎言或缺点

每个人总会有自己的短处，每个人回忆里总会有一些难言的往事和不愿提及的伤痕。每个人总会有身不由己不得不说善意的谎言的时候，与人相处时，要记得给人留些颜面和自尊，切莫揭人家的缺点。

"揭短"有时是故意的，那是互相敌视的双方用来作为攻击对方的武器。

“揭短”，有时又是无意，那是因为某种原因一不小心犯了对方的忌讳。有心也好，无意也罢，在待人处世中揭人之短都会伤害对方的自尊，轻则影响双方的感情，重则导致友谊的破裂。

所以，还是俗话说得好，**“打人不打脸，揭人不揭短”，要想与人友好相处，就要尽量体谅他人，维护他人自尊，避开言语“雷区”，千万不要戳人痛处。**

明太祖朱元璋出身贫寒，做了皇帝后自然少不了有昔日的穷亲戚穷朋友到京城投靠他。这些人满以为朱元璋会念在昔日共同受苦的情分上，给他们封个一官半职，谁知朱元璋最忌讳别人揭他的老底，以为那样会有损自己的威信，因此对来访者大都拒而不见。

有位朱元璋儿时一块光屁股长大的好友，千里迢迢从老家凤阳赶到南京，几经周折总算进了皇宫。一见面，他便当着文武百官大叫大嚷起来：“哎呀，朱老四，你当了皇帝可真威风呀!还认得我吗？当年咱俩一块儿光着屁股玩耍，你干了坏事总是让我替你挨打。记得有一次咱俩一块偷豆子吃，背着大人用破瓦罐煮。豆还没煮熟你就先抢起来，结果把瓦罐都打烂了，豆子撒了一地。你吃得太急，豆子卡在嗓子眼儿还是我帮你弄出来的。怎么，不记得啦！”

这位老兄还在那喋喋不休唠叨个没完，宝座上的朱元璋再也坐不住了，心想此人大不知趣，居然当着文武百官的面揭我的短处，让我这个当皇帝的脸往哪儿搁。盛怒之下，朱元璋便下令把他杀了。

这位穷朋友犯了揭短的致命错误，尤其揭短的对象是已贵为天子又极要面子的朱元璋，他的人头落地也就不奇怪了。其实，无论对象是谁，口无遮拦都是要不得的。即便当时没危险，但是你给对方心里结下疙瘩，终究没什么好处。

有驾驭语言功力的女人，会自如地运用多种表达方式，不断探索各种语言风格。**有些话，非直言不讳不行，但生活中并非处处都能“直”，有时还非得含蓄、委婉些，使其表达效果更佳。**

1887年3月8日，美国最伟大的牧师、演讲家亨利·华德比奇尔逝世。华德比奇尔影响力巨大，被世人评价为“改变了整个世界的人”。为了纪念他，一个演讲纪念大会将举行，而莱曼·阿尔伯特应邀向那些因为华德比奇尔的去世而哀伤不语的牧师们演说。

由于急着想表现出最佳状态，阿尔伯特把自己的演讲稿改了又写，写了又改。在作了严谨的润色后，他读给了妻子听，让她给予意见。

妻子感觉写得很不好，就像大部分写好的演讲一样。假如她不是一位聪明的女人，她可能就会说：“莱曼，你写得太糟糕啦，这样不行，你如果真的读了这样的稿子给听众，他们肯定都会睡着了。这念起来就像是一本百科全书。你都已经演讲这么多年了，怎么还会写成这样呢？天哪，你怎么不能像普通人那样说话呢？你难道不能表现得自然一些吗？如果你想自取其辱，就读这篇文章吧。”

但是，幸好她没有这样说，否则，你一定知道后果。当然她知道。

因此，她是那样说的：“莱曼，这篇演讲稿如果刊登在《北美评论》杂志上，将会是一篇极佳的文章。”

莱曼·阿尔伯特一听就明白了她的意思，她称赞了这篇演讲稿写得很好，但同时又很巧妙地暗示，要是把这篇讲稿用来演说，将不会有好的效果。于是，他把自己精心准备的原稿撕掉，后来演讲时甚至都不用笔记了。

要想提醒一个人而又不伤感情，甚至让对方感激和更喜欢你，最有效的是，用赞美的方式，间接暗示对方，提醒其注意自己犯的错误。

这种运用迂回曲折的语言含蓄地表达本意的方法，就是我们熟悉的“委婉”。说话者故意说一些与本意相关或相似的话，以烘托本来要直说的意思。虽然委婉只是一种“治标剂”，但却是语言交际中的一种极其重要的缓冲，它会让原本可能困难的交往变得顺利起来，让听者在比较舒适的氛围中领悟到本意。

与人交往是一种学问，要想与他人友好相处，就要时时替他人着想，尽量体谅他人，维护他人的自尊，千万不要揭人之短，轻易揭穿他的谎言。

5.你不能表现出比你的上司更聪明

职场上，老板之所以是老板，你之所以是你，他一定有比你强的地方。**聪明的女人与上司相处的时候，就必须想方设法掩饰自己的实力，以假装的愚笨来反衬上司的高明，力图以此获得上司的青睐**，比如：当上司阐述某种观点以后，他会装出恍然大悟的样子，并且带头叫好。当他对某项工作有了很好的可行的办法以后，不是直接阐述意见，而是在私下里或用暗示等办法及时告诉上司，同时，在抛出与之相左甚至很愚蠢的意见，好主意一定要从上司的嘴里说出来。

虽然人们口头总是爱说“人尽其才”，在很多情况下，上司往往提拔那些忠诚可靠，但是表现可能并不是那么出众的下属，因为他认为这位更有利于他的事业。

职场上不仅需要你展现自己的能力，还需要展现你的忠心和绝对服从。领导的心意是需要揣摩的，但即使你揣摩出来的全中，也不能表现出来。

三国时期，曹操的谋士杨修是个聪明绝顶的人。有一年，工匠们为曹操建造相府的大门，当门框做好，正准备做门顶的椽子时，恰好曹操走出来观看。曹操看完后在门框上写了一个“活”字，便扬长而去。杨修见状，立即叫工匠们拆掉重做，并说：“丞相在门框上写个“活”字，意思是‘门’中有‘活’即‘阔’字，就是说门做得太窄小了，要‘阔’大。”杨修的确够聪明，竟然能够从一个字揣摩出曹操的心里所想，但他的聪明，也招致了曹操的嫉恨。

建安二十四年，曹操与刘备争夺汉中，屡遭失败。曹军不知道是进还是退，曹操便以“鸡肋”二字为夜间口令，将士们都不解其意，只有杨修明白：“鸡肋就是吃起来没什么味道，丢掉又觉得可惜，丞相的意思是要撤兵啊！”他便私下告诉大家收拾行装，随时准备撤兵。没多久，曹操果然下令撤军了。

当曹操知道杨修事先把机密告诉大家时，终于找到借口，以“泄漏机密，私通诸侯”的罪名，将杨修杀掉。

杨修确实犯了一个错误。在揣摩上司意思，并完全正确的时候，为什么不能做得更高明些？聪明、才华是好事，但是如果你把这当作向别人炫耀自己的资本，过分外露自己的聪明才华，那就是不明智的了。

贺雅是局业务处的一名骨干，由于人很聪明，工作又卖力气，很受处长的赏识。她自己呢，也很自信，自我感觉相当好。不过，前几天发生的一件事，让她很受打击。

那天，主管业务处的李副局长把业务处处长叫到办公室，让她参谋一下一个项目的设计方案。业务处处长见这事挺专业，就建议把处里几个搞专业的人一块叫来议议。李副局长欣然同意，贺雅等四人便奉命来到李副局长的办公室。人到齐后，李副局长指着几个图板开门见山地问：“设计单位搞了三个方案，你们看哪个更好？”

业务处长听了局长的询问，没有马上说话，而是往那几块图板前凑了凑，很认真地看了又看，似乎在潜心钻研。李副局长见业务处长正在沉思，就把目光投向贺雅，意思好像是说：“你觉得呢？年轻人？”贺雅感觉自己受到了极大的鼓励，又恰巧最近一段时间她在这个项目的方案上做了不少功课，有很多好想法，于是她想趁这个绝好的机会在李副局长、处长及同事面前表现一下。

她见处长仍在沉思之中，好像没有要发表见解的意思，她忍不住就先开口了。她把三个方案的优劣作了详细的比较，又对其中一个自己认为比较中意的方案进行了重点讲解。实话实说，贺雅的见解是相当专业的，语言表述也非常精彩。所以，贺雅说完以后，脸上洋溢着得意的神色，讨好地看着李副局长和处长，等待着她们的夸奖。但让她意外的是，她的话说完以后，领导并没有对她的意见拍手叫好。她看到的，是处长那张冷峻的脸和李副局长紧皱的眉头。刚还沉浸在得意之中的贺雅，立刻感觉头上冒起了冷飕飕的凉风。她不知道自己哪句话说错了，有些不知所措，只好尴尬地站在那里，等待其他人发言打破僵局。但等了足足有五分钟，只等来李副局长一句“这事先这样吧，以后再研究。”

领导有时的问话，看似是征求意见，其实只不过是自己说话的一种过渡，是给自己找一个说话的气口。比如贺雅这件事，其实李副局长是作了充分准备的。她不是因为自己没主意而征求大家的意见，而只是想让自己在发表重要意见的时候有更多的听众。贺雅倒好，一开口就头头是道，把领导本来用来最后总结陈词的话都抢了，还让领导怎么表态？让领导成了听众了，他能高兴？给你根杆子，你就顺着爬到天上去，是绝对不行的。

古希腊著名哲学家苏格拉底在雅典一再告诉他的门徒：“你只知道一件事，就是一无所知。”而英国19世纪政治家查士德裴尔爵士则更加直白地训导他的儿子：“你要比别人聪明，但不要告诉人家你比他们更聪明。”

任何时候都不要当着上司在很多人面前表现自己，特别不能在众人面前抢上司的风头。公众场合中，在上司面前表现得愚钝一点才是聪明之举。

6. 对别人的秘密，装作什么都不知道

每个人都是独立的个体，有他自己的思想和见解，也有权保留自己的秘密和隐私。尊重别人的隐私是对人最起码的尊重，也是我们道德和修养的体现。

即使你无意中知道了别人的秘密，也要给对方留面子，不要随意拆穿，拿出来开玩笑，这样会伤到对方的自尊心，从而造成隔膜，你只要装作不知道这个秘密就一团和气了。

有的人觉得陌生人的隐私我们没有权利看，而对于自己比较亲密的人则不要这么计较，比如同事、朋友甚至爱人。其实这也是错误的想法，再亲密的人，他也可能有他不愿意被任何人知道的秘密，有时候是他的丑事，有时候是他的难为情的事等。

即使是最亲密的爱人，我们也应该给他足够的空间，让他保留一点神秘保留一点私人的东西，如果是他觉得不应该瞒你的他自然会给你看，如果他有意瞒你的你看了就会伤他的自尊，对你们的关系更不利。将心比心，尊重别人的隐私是非常有必要的，常说的君子之交淡如水也是这个道理，只有这样，不管是亲情友情爱情才能更长久。

个人的隐私很多，各种密码、电脑、手机、笔记本等都有别人的秘密和隐私在其中，我们没有经过别人允许就不能去翻动，这是做人最起码的道德和品质。尊重别人的同时也尊重自己，尊重别人的隐私，也做一个受别人尊重的人。

对夫妻而言，真正聪明的女人，永远都不会期望与借助挖空男人的隐私来吸引这个男人；聪明的女人，也不会单凭这一些捕风捉影的表象就怀疑身边的人；聪明的女人，懂得在适当的时候睁一只眼，闭一只眼，心里清楚，表面装糊涂；聪明的女人，懂得一张一弛，一松一紧的矛盾哲学。

琳达和老公在一起8年，至今都没有查看过一次他的手机、电脑、邮箱。她从不查岗，即便是在午夜时分他仍未回来，琳达也不会打电话去追问他在哪里，和谁在一起，又在做什么？男人的朋友都很羡慕他找到了一个通情达理的女人，以至于，男人偶尔会幸福地和琳达抱怨一下，"为啥你从来都不问我在外面干什么？搞得那些人都觉得你根本就不在乎我呢？"

琳达只笑不语，知道这种抱怨不过就是一种甜蜜的炫耀。她说："你和我讲过太多不通情理的女人的事迹。比如，谁的老婆昨晚去大闹你们的牌局了；谁的女朋友前天一整晚的夺命追魂call了；谁的老婆向你们每个人求证她老公是不是真的和你们在一起啦；还有谁的老婆又不让你朋友进房睡觉了……太多的这些听多了，我自然知道你并不喜欢我这样去干扰到你的生活，即使我知道一些小秘密，我也装作不知道，就让它是个秘密好了，这样我们的关系会更好。"

8年来，琳达夫妇可以一直恩爱如初，最重要的原因，就该算是他们都保留给了对方充足的个人空间，他们不去探寻对方的隐私，不去介入对方的生活。爱情，有点距离才会美。

同样，在职场中、朋友交谈中也是一样的，大家都有自己的秘密，我们同样也要像对待爱情一样，来对待同事、朋友，给大家保留一定的未知空间，让彼此有喘息的机会。

所以，当你与别人交谈时，切勿鲁莽地随意提及别人的隐私，这样，别人就会觉得你遵循了人际交往的礼貌原则，便会乐意跟你交谈和交往。反之，假如你不顾别人保留隐私的心理需要，盲目触及雷区，不仅会影响彼此之间谈话的效果，而且别人还会对你产生不良印象，进而损害人际关系。

不同的人有不同的隐私，对于有的人来说那可能是一汪苦水，而有的人则可能是一片美丽的风景，不论是哪一种，个人都有保留的权利，也应该得到别人的尊重。尊重别人的隐私，就是尊重别人的人格，也是尊重自己的人格。

7. 付出不要比多少，朋友不要太计较

女人，常常被给人斤斤计较的印象，其实，在朋友之间，有时为“谁付出多了，谁没有付出”而发生争执和冲突是正常的，关键看你如何处理。**不要太计较，一计较就像一盘菜里落进了灰尘，那就难吃了，所以吵归吵，不能老是抓着问题不放。**

你的身边可能也有这样一些同事，她们斤斤计较自己的得失，为了一点儿小小的利益就与同事争破头皮，从来不肯吃一点儿小亏。而她们似乎也因为自己的“聪明”而获利不少：比如公司给员工发放一批福利品，最后剩下一件，某个精明的职员就会跳出来，以某种借口将其据为己有，而其他同事也不好意思说什么；又或上司分给部门一个临时任务，这个员工一看任务有些麻烦，便借故推给其他同事，自己则一身轻松……

这样的精明，表面上看起来似乎十分实用，实际上正是与同事相处中的一大禁忌。因为，在与同事相处的过程中，最怕的就是太过认真仔细、斤斤计较。相反，如果能够在与同事相处时做到宽容别人，那么就没有处理不好的同事关系，没有化解不了的恩恩怨怨。

你要让自己心胸更加宽广一点，想想这些不同的生活经历、不同的兴趣爱好、不同的文化背景和性格的人组合在一起，形成了一个个或大或小的集体。在这样的环境里要营造和谐的人际关系，对于每一个人来说，本来就不是一个十分容易的事情，所以，一定要多忍让，不要斤斤计较。

如果你非要认真计较的话，这也很容易，每天你随便就能找到四五件生气的事情——被人诬害、因同事犯错而受连累、遭人冷言讥讽，等等。但是如果你总是把这些事情记在心里，伺机报复，但这种仇恨心理，不单无法损害对方分毫，更会影响自己的情绪，自食其果。

有这样一个故事，从前，有一个年轻人脾气非常不好，动不动就与人打架，因而人们都很讨厌他。

一日，这个年轻人无意中游荡到了大德寺，正遇到一休禅师在讲佛法，听完之后异常懊悔，决定痛改前非，并且对一休禅师说："师父!今后我再也不与别人打架斗口角了，即使人家把唾沫吐到我脸上，我也会忍耐地拭去，默默地承受!"

"就让唾沫自干吧，别去拂拭!"一休禅师轻声说道。

年轻人听完，继续问道："如果拳头打过来，又该怎么办呢?"

"一样呀!不要太在意!只不过一拳而已。"一休禅师微笑着答道。

那个年轻人实在无法忍耐了，便举起拳头朝一休禅师的头打去，继而问道："现在感觉怎么样呢?"

一休禅师一点儿也没有生气，反而十分关切地说道："我的头硬如石头，可能你的手倒是打痛了!"

年轻人无言以对，似乎对禅师言行有所领悟。

一休禅师的境界确实了得，可能很多人很难做到这些。但是我们生活在红尘之中，大度包容的心还是不可缺少的。如果一个人气量狭小，遇事斤斤计较，就会在生活中处处碰壁，烦恼无限。假如能以实际行动理解、包容别人，那么你也会得到别人的理解和包容的。

人生的幸福不在于得到的多，而在于索取的少。凡事斤斤计较的人看似得到的比别人多，其实再多又有何用。当你离开这个世界的时候，还不是孑然一身，争来争去的无非是一些微不足道的事物而已。**何不对别人多一些宽容，少一些斤斤计较，这样你反而能得到更多意外的收获和惊喜。**

作为女人，也许很娇贵，也许很单纯，也许很浪漫，但拥有一颗宽容之心，才是作为女人的完美之本。愿天下的女人都能拥有一颗善良、宽容的心。宽容是人之博大、人之崇高、人之快慰的优良品德。在这世界构建的新的文明中，愿更多的朋友，能拥有一颗宽容之心，宽厚待人，宽厚至语，宽厚做事。宽容于己不会失去什么，反而可以收获快乐，收获成功，会给人间增添多一些的欢乐和温情。

宽容，能体现出一个人良好的休养，高雅的风度。它是仁慈的表现，超凡脱俗的象征，任何的荣誉、财富、高贵都比不上宽容。宽容是美德，是万事万物存在的结果，宽容的背后有着心与心永久与纯洁的承诺。宽容地面对生活，面对人生，才会使自己拥有一个平静从容的生活，才能使自己活得更轻松、更洒脱。宽容别人，其实就是宽容我们自己，多一点对别人的宽容，我们的生命中就多了一点空间，宽容是一种境界。

亲爱的女性朋友，让我们从一言一行开始，修一颗宽容之心吧，愿我们能拥有比海洋还宽阔的胸怀，拥有比日月更长久的幸福。世界因为女人的存在而美丽，女人因为美丽而动人。在这五彩缤纷的世界里，宽容的女人永远是一道靓丽的风景线。

8.有亏吃的同时，就注定你会有所收获

清代有一位叫郑煊的书法家，据说还是郑板桥的远亲，他随家乡的“经商队伍”来到洪江后，不禁感叹在五溪“蛮地”竟还有这么一座繁华的商城，就举家迁来定居。有一次，郑煊做木材生意，货已运到外地，不料价格狂跌，眼看就要血本无归，郑煊以为末日来临，极其沮丧。郑板桥得知此事，便送给郑煊一幅“勉词”，题头是：“吃亏是福。”内容是这样写的：“满者损之机，亏者盈之渐。损于己则利于彼，外得人情之平，内得我心之安，继平且安，福即是矣。”郑煊带着这幅“勉词”，回到洪江。不久木材价格又狂涨起来，郑煊因此大发了一笔。从此，郑煊将郑板桥的题词作为家训，刻在墙壁上以示后人。久而久之，“吃亏是福”的壁联成了洪江古商城的一道人文景观，随之也成了人们常常挂在嘴边的一句口头语。

老子说：“少则得，洼则盈。”留出了容纳的空间，才能有容。月盈则亏，水满流溢。提前“吃亏”，可以确保日后不亏。现在想想，为人处世也是这个道理。用争夺的方法，你永远得不到满足；但用让步的办法，你可以比期盼的得到更多。做人要能吃得了亏。过于计较，可能会舍本逐末，丢掉应有的幸福。记住：没有人愿意选择斤斤计较的人做朋友，没有人愿意和唯利是图的人共事，没有人看得上、瞧得起在琐事上纠缠不清、得礼不让人的人。**选择吃亏的人，才会在一种平和自由的心境中感受人生的幸福。**

而现实生活中，很多女人都抱怨人与人之间交往很复杂，与他人不好相处，却从来没有想过其中的原因。其实原因很简单，就是因为过于计较自己的利益，总是争求种种的“好处”，久了难免惹起周围人的反感。而这些东西未必能带给你很多的好处，反而弄得自己心神疲惫，并失去了良好的人际关系，得不偿失。如果对那些细小的不大影响自己前程的好处，多一些的谦让，这种豁达的态度无疑会赢得人们的好感。

适当吃点小亏，多做一些力所能及的事，不仅体现了你的能力，也会加深你和周围人的感情。将要取之，必先予之，这也是一种高明的处世方法。吃亏是福，因为人都有爱占便宜的弱点，你吃点亏，让别人得点利，就能最大限度地调动别人的积极性，使你的事业兴旺发达，这就是吃小亏而占大便宜。

美国亨利食品加工工业公司总经理亨利·霍金斯先生有一次突然从化验室的报告单上发现，他们生产食品的配方中，起保鲜作用的添加剂有毒，虽然毒性不大，但长期服用对身体有害。如果不用添加剂，则又会影响食品的鲜度。

亨利·霍金斯考虑了一下，他认为应以诚对待顾客，于是他毅然把这一有损销量的事情告诉了每位顾客，随之又向社会宣布，防腐剂有毒，对身体有害。

做出这样的举措之后，他自己承受了很大的压力——食品销路锐减不说，所有从事食品加工的老板都联合起来，用一切手段向他反扑，指责他别有用心，打击别人，抬高自己，他们一起抵制亨利公司的产品，亨利公司一下子跌到了濒临倒闭的边缘。苦苦挣扎了 4 年之后，亨利的食品加工公司已经倾家荡产，但他的名声却家喻户晓。

这时候，政府站出来支持霍金斯了。亨利公司的产品又成了人们放心满意的热门货。亨利公司在很短时间内便恢复了元气，规模扩大了两倍。亨利食品加工公司一举成了美国食品加工业的“龙头公司”。

由此看来，吃亏其实也不是一件什么大事。作为女人，我们应该从中学到些东西，我们要学会坦然面对吃亏，能舍弃与牺牲某些利益，要学会“糊涂”，不去计较这些，因为失去只是暂时的。天底下不会有白吃的亏。吃亏有助于我们塑造良好的自我形象，博得别人的认同、好感以及友谊。收获有这么多，吃点亏又算什么呢?

第十章　在黑暗的世界里实现幸福的人生

谁的人生中都不可能没有挫折、没有阻碍，关键是你如何对待。搬个梯子爬过去，你就可能成功；没完没了地抱怨、诅咒，你就只能被挡在成功群体之外。学会忘记不痛快吧，豁达处世的心态让你拥有更为广阔的天地。

1. 找到通向幸福的船

在生活中，我们喜欢和周围的人比较，希望比周围的人过得好，希望在工作上比周围的人优秀。但是，比来比去，我们却觉得自己不够出色，生活不够幸福。

一日，王华在街上遇见一位多日未见的老年朋友，乍一见，确实让人吓了一跳。他怎么变成现在这样了呢？眼窝深深凹进去，带棱的嘴角也无力地耷拉下来，脸色枯萎得如同一张干瘦的黄菜叶。王华急忙拉住问：“老兄，你这是怎么啦？”

“唉，烦死人了！”他叹一口气道，“我工作40年了，工龄不算短吧，前些年退休，一月才领到七百多元，而我隔壁家的林老倌，年纪比我小，工龄比我短，去年办的退休，一月却领到一千多，比我高出几百，这合理吗？能不烦心吗？”说着，他又一阵猛咳。

王华忙说：“别比了，比有什么用？越比越心烦。人老了，身体要紧，看你这样子，赶紧去医院看病吧！”

“不看不看，死了好，眼睛一闭便一了百了。”

这时，王华想起了以前的自己。前些年，王华不也是这样吗？心里总是很烦，老爱发火：凭什么人家拿钱多？凭什么人家的日子过得好？愈想心里就愈不平，就愈烦。人未过50，头上就已有不少白发，而且身上这里疼那里痛，人活得挺累。眼下退休了，方才明白，一辈子跟人家争，又解决不了什么问题。都是攀比惹的祸。

人活在尘世上，怎么可能事事完美呢？如果总是为这样那样的不如意烦恼，就永远难有快乐之日。**豁达地看待人事，你会发现原来幸福离你那么近。**

辛迪娜是欧洲著名的女高音歌手。一次演唱会之后，她刚和丈夫、儿子一起走出剧场，便被观众们重重围住。

人们无法掩饰心中的羡慕和崇拜。有的恭维她，说她刚大学毕业就进了国家歌剧院，担任重要演员，才30岁就走红全球；有的羡慕她嫁了一个事业成功、腰缠万贯的丈夫；有人赞美她的歌唱天赋，25岁时就跻身世界十大女高音之列；还有人说她真是好福气，有一个俊俏可爱的儿子……

辛迪娜听后，微微一笑："谢谢大家对我及我家人的关心，我十分愿意在这方面和大家一起分享快乐。只是你们有所不知，我的儿子在5岁那年不幸丧失了听力；而他的姐姐，则是一个需要长年关在房间里的精神分裂症患者。"

人们听后大惊失色，面面相觑，不知应该说什么好。

辛迪娜又心平气和地说，"其实这并没有什么，这只能说明，上帝是公平的，他给每个人的都不会太多。"

人们又陷入了无限的沉思中。

生活何尝不是同样的乖戾，倘若某个女人的单项特别的优越，她人生的另一个重要项目缺憾往往也特别的大。所以，**不要去羡慕别人，你有足够的快乐的资本。**

玛丽可算是深通此道的女子了。50年来，她一直是四大洲剧院独一无二的皇后，深受世界观众喜爱。但她在71岁那年破产了，而且因病她必须把腿锯断。医生以为这个可怕的消息一定会使玛丽暴跳如雷。可是，玛丽看了他一眼，平静地说："如果非这样不可的话，那只好这样了。"

她被推进手术室时，她的儿子站在一边哭。她却挥挥手，高高兴兴地说："不要走开，我马上就会回来。"去手术室的路上，她背她演过的台词给医生、护生听，使他们高兴。手术完成、健康恢复后，玛丽还继续周游世界，使她的观众又为她风靡了七年。

大的幸福是伟人创造的，小的幸福由自己完成的。我们可以从最平常的日子、最琐碎的事情里品尝到幸福的滋味。快乐也是一样。快乐的源泉，不在天涯，不在海角，就在你我的心中。

波特和汤普森几年前跟人合伙做生意。不幸的是，有一次，货船遇到风浪，他们所有的财产包括梦想都沉入了海底。波特经受不住这个打击，从此一蹶不振，整天失魂落魄，神情恍惚。可是汤普森却活得有滋有味，他每天白天去码头做搬卸工，晚上还要去图书馆去看营销方面的书籍，生活得很充实、很快乐。于是波特去问汤普森，为什么经历了那么大的磨难，他还能乐得起来。汤普森回答说："你咒骂，你伤心，日子一天天地过去；你快活，你高兴，日子也一天天地过去，你选择哪一种呢？"他劝波特说："你每天早晨起床前、晚上睡觉前，都花一些时间重温当天发生的美好事情，这样坚持下去试试。"果然通过这种方式，波特很快就培养起了对生活的积极态度，从而变得快乐起来，不久他就振作起来。在家人和朋友的帮助下，又开始从小生意做起，现在他已经成了一个成功的商人了。

也许健康的你突然遇到一场飞来横祸，成了残疾人；也许原本家财万贯的你突然破产，一夜之间变成了一个一贫如洗的穷光蛋；聪明好学的你也有可能在高考中失利……总之世事无常，任何人都可能在任何时间和任何地点，遭受到不同的打击和挫折。但是只要你有一颗快乐的心，任何不幸都是暂时的。

再如，你不小心丢失了一件价格不菲的皮大衣，你可以对自己的粗心懊悔不已，或许对拾金而昧者耿耿于怀。但是你也可以这样宽慰自己：从此一个衣衫褴褛的穷人可以不再惧怕冬天的严寒了。那么这时，你就会有了一种助人为乐后的快慰。

我们要学会善待生活，要时刻保持有一颗快乐的心，这样我们才可以愉快地成长着。我们可以选择一个快乐的角度去看待生活，也可以选择一个痛苦的角度。真正幸福的人，是那些认认真真而又快快乐乐地过完一生的人。不论长寿还是短命，只要在活着时，每一天该说的话、该做的事，你都说了、做了，你就会死而无憾。就像鱼儿在水里游来游去，那么从容，那么自在，它的快乐全部弥漫在水中。而我们人类的快乐全部躲藏在生活的每一个角落。**只要我们有一颗细细品味幸福的心，你就找到了那艘通往幸福的船。**

2.在保持警惕的同时，做到与人为善

现实世界的诸多阴谋陷阱让很多女性朋友提高了警惕，防御行为越来越强。但我们不能就此给心灵穿上铠甲，对谁都设防。大多数情况下，生活还是美好的，人心还是善良的，在与人交往的过程中，还是应该与人为善的。

与人为善的女人，是最美的，在她的眼里没有人是真正的敌人。她对所有的人都心存善意，她的心里装着别人，她会处处为别人着想，她不会为一点小事与人斤斤计较，这样的女人，相处起来轻松、简单，有很好的人缘，她自己也会感到幸福快乐。

做女人，就要做一个与人为善的女人，因为与人为善是一种高尚的品德，是智者心灵深处的一种沟通，是仁者个人内心世界一片广阔的视野。

与人为善有利于增进团结。地球上最广阔的是海洋，比海洋还广阔的是天空，比天空更广阔的是人的胸怀。一个与人为善、从善如流的人总是会受到人们的称赞和尊重。

张媛是一个单位里的普通职工，但是她的与人为善、热忱助人在熟悉的人中有口皆碑。她把左邻右舍上门等候的亲友让到自己家端茶递烟、为外地人指路领路等等全看成分内之事；把上班时几乎包揽的擦桌子墩地板倒垃圾、给同事倒开水等等都当作履行职责。

张媛对助人为乐的诠释是：善待他人不图回报和索取是一份坦然，看到别人快乐更增添自己的好心情。

她的养父过世前卧病在床住院治疗，张媛奔波于单位和医院之间，喂水喂饭喂药清理排泄物轻轻按摩老人肢体样样细致周全。值得称道的是她对他人难

能可贵的帮助。一天，和养父同住一个病房的一名老年患者要“方便”，不巧陪侍的孩子出去办事不在身边，这名老年患者内急难忍只得勉强坚持着去卫生间，结果意志终归没能战胜老弱的病体，脏物被排泄到床边和地上。

打水回到病房的张媛正遇上这老年患者的无助和尴尬，她没有犹豫，赶快动手收拾“残局”。此等帮助岂是人人能“下得了手”的！老人感动的泪水折射着她的善良。

由于张媛所在的单位财务出纳退休，当人事部门通知张媛到这一岗位供职时，那些早已窥视这一位置的多少双眼睛们很自然地就用疑惑、不满甚至嫉妒的眼光扫描她，几个曾经对这一位置心动进而行动的角色很有些“气不打一处来”的恼火，其中一位脑子格外好使，自以为颇具几分优势，此差事非己莫属的年轻的中专生更是由怨而恨恶气难消。

但是天性善良诚实的张媛压根儿没把出纳岗位和自己往一块儿想，更没想到一不留神开罪了同事。在走上新岗位后，她不敢有丝毫的懈怠，更没有得意，在兢兢业业做好本职的同时，依然是与人友善、热情待人。尤其对那些因自己调整工作而无端生妒的人更是以礼相待，以德报怨。

不到一年，那位因与出纳岗位擦肩而过而满腹怨气的同事休产假，张媛便利用星期天甚至下班后凡能抽出的时间到这位同事家忙前忙后，不是做饭端水就是洗尿布抱孩子，同事被深深感动，后来俩人成了互帮互助、无话不谈的知己。

多年来，张媛奉行与人为善、忍让谦和的处世哲学。这不仅让她自己的生活充满阳光，也让她周围的人感受到温暖，大家都愿意和她交往，在她遇到困难的时候，周围的朋友总是义无反顾地全力以赴，她的事业也是蒸蒸日上。

确实，与人为善，善待他人，多了一份坦然，增了一份愉悦，添加了一份好心情。如此说来，善待他人不正是善待自己吗？与人为善其实更有利于你生活得更快乐。

与人为善其实极易做到，它并不需要你刻意做作，只要有一颗平常心就行了。有这样一个故事：一个人做了一个实验，他早晨上班来到办公室的时候，对周围的同事笑了一下，没想到，却带来意想不到的效果，他的上司看到他时对他也笑了一下，他的上司可是从来没笑过的人呀。

这个人这一天的心情特别好，平时那种冷冰冰的感觉没有了，周围的人都很亲切。而原因据说就是因为早晨他那无意的一个笑。与人为善使你有一种充实感，可以为自己创造一个宽松和谐的人际关系，使自己有一个发展个性与创造力的自由天地，并享受到一种施恩与人的快乐，从而更有利于个人的身心健康。

现实生活中，有些人不讨人喜欢，甚至四面楚歌，主要原因不是大家故意和他们过不去，而是他们在与别人相处时，总是自以为是，对别人百般挑剔，随意指责，人为制造矛盾。只有处处与人为善，严于律己，宽以待人，才能建立与人和睦相处的基础。在很多的时候，你怎么对待别人，别人就会怎么对待你。这就教育我们要学着待人如待己。

生活就是这样：对别人多一份理解和宽容，其实就是对自己的支持和帮助，善待他人就是善待自己。“授人玫瑰，手留余香”。在生活中还是让我们从与人为善做起吧！

3. 即使你再强大，也不要去改变环境

生活常常距离你的想象差很远，正如有句话所说的，理想很丰满，现实很骨感。其实，现实往往还很残酷。在这样一个竞争激励、瞬息万变的时代，你可能感到不够适应这个环境，你可能常常感觉到无力。

在这个时候，你是自暴自弃，任由生活的波浪把你甩得越来越远呢，还是奋力一搏，做一个生活的掌舵人呢？我想，一个聪明的女人，应该都会选择后者。

所以，当你刚到一个新的环境的时候，当你觉得人生地不熟，习惯、生

活方式等似乎也无法接受，仿佛一切都与你格格不入时，你不要想着去改变环境，而是要选择适应它，改变你自己。

其实，人的生命就是不断适应与再适应的过程。许多人去西藏旅游，刚下飞机，因为高原缺氧而头晕头疼，恶心呕吐，但过不了几天，一切就正常了，因为他已经适应了这里的环境。我们要相信，时间是最好的治疗师，它会让我们的不适应最终变成适应。

不论我们是消极的逃避，还是积极地应对，最终我们都将融入新鲜的环境，继续生活下去。所以，**与其被动地被环境改变，还不如积极地适应新环境，在新环境中积极创造属于自己的生活方式，积极开拓自己的命运。**

在一个新的环境里，尽快地改变自己，适应这个环境，是你能够利用自己现有的资源唯一能做到的，也是你做好后会受益无穷的事情。

成功，也常常更加青睐那些会适应环境、敢于改变自己，积极地把握自己的命运的女人。

十年前潘娜洛普得了猩红热，当她康复以后，又得了肾脏病。她去找过好多个医生，但谁也没有办法能够治好她。

后来，她又得了另一种并发症，她的血压高了起来，已经到了214度的最高点。医生宣布她已经没有希望了，最好马上料理后事。

潘娜洛普回到家里，开始向上帝忏悔她以前所犯过的各种错误，坐下来很难过地默默沉思。她害得所有的人都很不快乐：她的丈夫和家人都非常难过，她自己更是深深地埋在颓丧的情绪里。

然而，在经过一星期的自怜之后，她对自己说："你这样子简直像个大傻瓜。你在一年之内恐怕还不会死，那么趁你还活着的时候，何不快快乐乐呢？"于是，她挺起胸膛，脸上露出微笑，试着让自己表现出好像一切都很正常的样子。刚开始的时候还觉得很费力，但是她觉得强迫自己开心，不但有利于她的家人，也对她自己大有帮助。

接着她发现自己开始觉得好多了。这种改进持续不断，她不仅很快乐，很健康，活得好好的，而且她的血压也降下来了。有一件事她是可以肯定的：如果她一直想到会死、会垮掉的话，那位医生的预言就会实现了。可是她给自己的身体一个自行恢复的机会，别的什么都没有用，除了改变她的心情。

所以，不管环境如何变换，也不管挫折如何来临，聪明的女人，都应该积极应对，将变换的环境当作自己前进的磨砺石，将遭受的挫折当作成功的代价。不管他人如何，首先要干好自己的事；也不用管环境怎样，首先要在现有的情况下学会安排好自己的生活，改变自己，尽快地适应这个环境，只有这样，你才能比别人距离成功更进一步。

4. 杰出的"大"女人是"大气"的女人

你知道吗，其实，漂亮不是女人魅力中最璀璨的靓色，真正的魅力是来自于女人的大气。

大气女人的魅力既蕴含于她们的举手投足之间，更辉映在她们的眉宇和谈吐之间。她们懂得时尚属于瞬间，品质属于永远，更懂得自尊自爱，自重自强，所以她们始终保持一颗乐观、向上的心态。

她们即使遭遇困境，也不会整日哭哭啼啼，而是擦干泪水，勇敢地面对。她们用大气之品性锻造自己那经霜不掉，生死不已的神韵。

大气的女人，都是识大体的女人，她们不会以自己的恶好而决于世事，而是以一颗包容之心来善待身边的人和事。她会为了成就一项深爱的事业，为了造就一个氛围的和谐，为了维护一个温馨的家庭，而隐去内心的苦痛，忘记别人的过错，宁愿背过身去，独自洗去伤口的滴血，也会用阳光般温暖的笑容，来演绎她谐美的底色。

大气的女人，通常都有丰厚的内涵，她们不会因时尚与流行而去急功近利的效仿，也不会因得到一次成功而欣喜张扬，更不会因行进于低谷而心灰气丧。深邃而内敛的品行，会让她们拥有别样的雍容和坦荡。即使占尽成功的辉煌，一样可以感受她谦逊的目光。

除去谦诚的品质，她们还具有睿智的思想，用一双灵秀的眸子，分辨世间的风雨寒霜，用一颗练达的平常心，来挥就大气女人的心智形象。

大气的女人无需矫揉造作，就可以显露出与众不同的气质，优雅的谈吐超凡脱俗，清丽的仪态胜过精心的装扮。

她们静的凝重，动的优雅，坐的端庄，行的洒脱。那种超然特质与淳朴本色的完美交融，像仲夏夜晚的微风，散发着迷人的芬芳，沁人心脾，让人难忘。她们自信的微笑，会像百合花一样的清纯无华，尽管她平淡素雅，可有谁能够否认，她不是姹紫嫣红中的独秀奇葩？

在工作、学习以及与人交往中，一个大气的女人应该是一个不断地修炼自己的言行，提高自己的内涵，凡事不斤斤计较，善于包容、坚信吃亏是福的人，也是一个心胸豁达，思想开阔，积极进取，快乐处世，快乐为人的人。我特别期待做这样的女人，也正在努力争取做这样的女人。

那么，怎样才能做到大气呢？**首先，大气的女人应该胸襟宽广。**

著名作家雨果说：世界上最宽广的是海洋，比海洋宽广的是天空，比天空宽广的是人的胸怀。如果我们的心里容得下山、容得下海、容得下天，那么我们就能容得下短短人生中琐琐碎碎的某一些事，容得下小小的某一个人。

曾经有人说过：世上本没有好人和坏人之分，好人也有人说他坏，坏人也有人说他好。的确，好人有好人的优点，也有缺点，而坏人也有也有值得赞美的地方，人人都有值得称道的地方，只要你真心的去赞美别人，生活就会多一份美好。

其次，大气的女人会真诚地欣赏和赞美别人，会因别人取得进步而由衷地高兴，会热情地帮助需要帮助的人，会影响身边的人共同学习、共同进步。

威廉·詹姆斯说："人性深处最大的欲望，莫过于受到外界的认可和赞扬。"世间每个人都希望得到别人的赞美，赞美让人感到温暖，感到舒畅；赞美能让人产生力量，增加自信，赞美是心灵的催化剂，赞美甚至能延年益寿。

第三，大气的女人都会宽容待人，宽容地对待哪怕是自己的对手或者曾经敌对过、不够友好的人。

因为她们深深地懂得：宽容别人其实就是宽容自己，善待别人其实就是善待自己。她们不会因为别人的过错而耿耿于怀，甚至精心“设计”和“陷害”别人。她们会通过自己的言行给人以温暖。

宽容是做大气女人最重要的因素。她表现了女人乐观向上的生活态度。在中国历史上就流传了很多动人的故事：像大清帝国的开国母亲孝庄皇后，在丈夫死后，顶着各种非议，用特有的母亲胸怀辅佐了两代皇帝，使得大清政权在很短的时间内得到发展和统一，也使得大清王朝在世界上一度走向鼎盛。

还有一个真实的例子：蒋介石的夫人宋美龄在西安事变之后，不顾来自各方面的压力，对张学良将军表现了极大的宽容，并在台湾期间对张学良给予了无微不至的关怀，以致多年后，张学良面对媒体道出实情：没有宋美龄的倾心帮助，他不会有好的结果。

此外，大气还与一个人的文化、素质、修养、追求、信仰有关，有意识地去读一些书，提高自己的文化修养，开阔视野；有意识地去关注别人、关注社会，让自己的心去追逐远大、追逐高尚。这样会让你达到“风度优雅而不媚俗，学识渊博而不自傲，气质高贵而心态平和，威严自在但不张狂”的崇高境界。

5. 淡泊名利会让你卸掉身上的包袱

顺应己心，淡泊名利，并不是把自己置于完全被动的地位，听天由命，而是敢于正视现实，正视矛盾，时时保持乐观的态度。只有这样，你才能从容面对人生的跌宕起伏。

现代社会，很多人变得更加急躁，更加功利。当现实与理想产生矛盾时，总是一味地悲天悯人，郁郁寡欢，不能勇敢地面对挫折，面对失败，从失败中寻找解决问题的方法。

这就是因为对功利看得太重，期望越高失望越大。现实毕竟是现实，既然不能超越现实，就应该勇敢地面对它，始终抱着乐观、豁达的态度，这样才不会为名利所累，成为利欲熏心之徒。

在这个激烈竞争的社会，名利虽然可以激发人上进的意识，但毕竟也给人带来很大的压力。**优胜劣汰的原则告诉我们时时刻刻都不能掉以轻心，但在努力工作的同时，也应该养成顺应自然、泰然处之的处世之道。**只有这样，才不会使你在遭受挫折时心态严重失衡，甚至还可以帮助你重建人生信念，鼓起奋斗的风帆，塑造新的自我。

相反，如果你把名利看得太重，整日提心吊胆，这样的人生是毫无乐趣可言的。

《清代皇帝秘史》记述乾隆皇帝下江南时，来到江苏镇江的金山寺，看到山脚下大江东去，百舸争流，不禁兴致大发，随口问一个老和尚："你在这里住了几十年，可知道每天来来往往多少船？"老和尚回答说："我只看到两只船。一只为名，一只为利。"真是一语道破天机。

看来对名利的追逐，自古以来，早已有之。人活在世上，无论贫富贵贱，穷达逆顺，都免不了要和名利打交道。职场上人际关系紧张，也往往由名利问题引起。过重的名利思想给人带来无穷的烦恼，而且有时候会让你的视线变得狭隘。

有一天，一个工人在仓库里搬运货物，不小心把手表弄丢了，到处都找不到，后来，同伴们也自动加入到寻找手表的行列，大伙儿翻箱倒柜，尽其所能，仍是徒劳无功，只好沮丧地撤离现场。

这时候，有一个小伙子进入仓库里，很快就把手表找到了。同伴们诧异地问他是怎么找到的。这个小伙子说："我只是躺在地板上，保持安静，马上就听见手表的滴答声了。”可见，**嘈杂的时候，我们会忽略很多东西；静下心来，就会有意想不到的发现。同样道理，如果你一些追逐着功名利禄，常常会让自己的心难以静下来，难以真正地以平和的态度去处事，那么，你反而会错失很多机会。**

保持淡泊名利的心，其实不是让你去做隐士，不是让你两耳不闻窗外事，而是让你在取得成绩、事业顺利的时候，记住物极必反的道理，要懂得急流勇退，适时抽身，不要非把自己逼到进退两难，骑虎难下的地步才懊悔不已。

保持淡泊名利的心，是让你不要贪恋功名利禄，要学会知进知退，有张有弛，居安思危，这才是做事成功的长久之策。

这一点，我们可以在动物界找到自己的参照物，例如有些猎人就是利用狒狒不知放弃的弱点而轻易地捕获它们的。猎人捕狒狒时，先将其爱吃的食物放进一个口小里大的洞中，故意让躲在远处的狒狒看见。

等猎人走远了，狒狒就欢蹦乱跳地跑过来，将爪子伸进洞里，紧紧抓住食物，但由于洞口很小，它的爪子握紧拳头后就无法从洞中抽出来了，这时猎人只管不慌不忙地来收获猎物，根本不用担心它会跑掉，因为狒狒舍不得那可口的食物，越是惊慌和急躁，就越是将食物抓得更紧，爪子就越无法从洞中抽出。

此招妙就妙在将人的心理推及到了动物。其实，狒狒只要稍一撒手就可以溜之大吉，可它偏偏不松手！在这一点上，说狒狒像人，也可说人像狒狒。狒狒的举止大都是无意识的本能，由不得它，而人如果像狒狒一般见利而不见害地死不撒手，那就只能怪他利令智昏、执迷不悟了。

中国有一句俗话叫“知足常乐”，事事都应一分二地来看，做一个淡泊的人，从容地面对人生，要知道，凡事是得失参半，有得就有失，有失亦有得。**只有你拥有了心灵的淡泊，你才能开启智慧，轻装前进。**

6. 人生的伤痛要怎样才能减轻

人生的伤痛是免不了的，有很多的事情都是导致痛苦的根源，朋友分离、亲人故亡、失恋、事业失败等。这些事情都是在我们生活上可能遇到，而且有些是必然遇到的。遇到了之后我们肯定会有许多难言的苦痛，没有心思再做别的事情。

可是不管多大的伤痛，都还是要活下去的。如果长时间这样下去的话，以后的生活都将不能正常进行。所以，有时候，健忘是好事，我们要学会忘记过去的痛苦，开始新的生活。当然，我们说忘记过去的痛并不是说我们要完全地忘记了那些事情、那些人，而是要从痛苦中拔出来，化悲痛为力量，学会调节自己的情绪，活得更加容易。

一个女孩儿失恋了，被自己相恋几年的男朋友抛弃了，于是她想不开了，为什么会这样呢？难道自己真的那么没有吸引力吗？男朋友怎么那么没有责任感，没有良心呢？从此她越想越想不开，一想就开始以泪洗面，什么事情都做不下去，不管朋友、家人怎么劝说都没有用，她一个人沉浸在自己的痛苦里面不能自拔。慢慢地，她开始埋怨父母把她生得不好，怪朋友没有给她好的建议，父母因此伤心不已，朋友也渐渐疏远她了。工作上她更是没有心思，不久也被老板请回家休假了。她觉得世界上的人都在和她作对，没有人真正关心她的生活，走在路上大家都躲着她，人间就没有温暖存在。就这样，她越来越郁闷，越来越痛苦。

后来有一天，她突然从镜子里面看见自己的模样，当时她自己都认不出自己了，镜子里面的自己脸色苍白，像个怨妇，像个幽灵，模样恐怖狰狞，吓了自己一跳。曾经活泼可爱的自己到哪里去了呢，如果在外面看见这样一个自己，恐怕会尖叫了吧，谁还敢靠近自己呢。她被镇住了，慢慢回想自己的所作所为，她真是特别后悔。

她决定要改变自己的样子，不要再去想以前的事情，都已经过去了就回不来了，将来才是最重要的。因此她开始从自己的容貌上收拾自己，再改变自己对家人、对朋友、对工作的态度，再也不怨天尤人了，脸上开始有了微笑，慢慢生活上了正轨。在和前男友认真地交谈了之后她认识到自己以前的长期毛病，下定决心改掉它，改掉痛苦的根源。当然就像任何一个美好的故事一样，她后来找到了自己的幸福。

故事中的女主角到现在都随时教育她认识的人，不要太过于关注自己的痛苦，沉迷于其中你就将被它吞噬，看不到自己的未来。要勇敢地走出来，忘记它，吸取教训开始辉煌的未来，过去的已经随着时间溜走了，将来是漫长的，不把握好的话也会悄悄溜走了。

能快速从各种失意中恢复过来的人，往往都是生活的强者，他们快速适应各种环境，他们能化各种条件为力量来增强自己。他们不怕失败，不怕各种艰难的环境，无论遭遇怎样的情景，他们都能很好地活着，让自己充实而幸福地活着。

在人生道路上，或许荆棘丛生，或许障碍重重，可是所有的这一切都是可以战胜的，关键是你是否具备了战胜它们的决心。昨天的荆棘丛林已经走过，即使伤痕累累，也不能代表我们无法跨越这条路。勇敢地走下去，忘记昨天的伤痛，你才能轻装上阵。

每个人的一生要经历过无数的风雨，无数的磕磕绊绊。看看我们小时候是如何学会走路的，我们一边学走，一边摔倒，我们没有因为摔倒了，就长哭不起，就拒绝走路。相反，儿时的勇气是巨大的，无论摔得多么疼，哭一下子以后还是要走的，甚至第二天就把昨天摔跤的事情忘记了，或许这就是人坚强的本性。

长大之后，这种本性是依然存在的，我们不能让软弱把它掩埋，要如同一个幼儿学路那般勇敢。过去的伤口会慢慢结疤，让我们不要再把精力放在它身上了，后悔和遗憾从来都是无益的情绪。

没有什么事情是大不了的，总有一天，你所遇到所有的事情，外界的期望、所有的尊荣、对尴尬和失败的惧怕，这一切在面对死亡的时候，都将烟消云散，只留下真正重要的东西。对于很多具有消极、悲观、感性的女人来说，健忘也许是很好的祝福。**当我们过滤掉那些不愉快的记忆时，你的人生将是一路的欢歌笑语。**

7. 爱上现在，在淡然恬静中自由生活

英国著名学者罗素就曾说过，幸福生活在很大程度上必然是恬静的生活，因为真正的快乐只能存在于恬静的氛围中。年轻的你，可能每天都在等待奇迹，在等待尝遍生命的酸甜苦辣。然而，年轻的日子却很平淡，平淡得如同那碧空中的一缕云，总是那么淡淡的，淡淡的一抹。在年轻的日子里，任何想象中的情节都没有发生，你可能感到些许失落。

其实啊，生命，就是把一个又一个日子连结起来的啊。当你站在生命的某一时刻，蓦然回首，就像站在古老的渡船头上，四望遥远天际的江流，你一定会欣喜又惊讶，那一个又一个平淡的昨日，相隔于时间，竟被镀上了迷迷蒙蒙的一层光晕，鲜艳而美丽。

所以，爱上现在吧，爱上淡然恬静的生活吧。心如果累了，就出去走走；经历太多了，你在纷繁复杂中渴望轻松，就让自己在恬静和淡然中小憩。我们的心灵，于凡尘深处游走，不染一丝铅尘。一刻恬静，一刻淡然，足让我们幸福得流泪。

或许前几天你还在问自己，春天来了吗，花儿还要多久才会开？一个不留神，你蓦然看到，墙里墙外，已然是百花盛开。幸福，往往也就来的这样不经意。不论人生如何起伏，珍惜当下的每分每秒，享受当前的感受，不论是悲伤还是难过，时间过后，当你往回看，这些都会成为美好的回忆。

汉代大儒董仲舒，为了能够潜心学习，整天钻在书房里，什么事情也不过

问，吃的、穿的也不像别人那么讲究。据说在他家旁边有一个花园，里面种满了各种鲜花，夏天蝴蝶成群，翩翩起舞，景色美丽。

郑板桥是我国清朝著名的诗人、画家、文学家，应科举为康熙秀才、雍正举人、乾隆进士，曾任山东范县知县，后因助农民诉讼及办理赈济，得罪豪绅而罢官。他淡泊名利，为官清廉，坦荡直率，为世人所称道，被誉为“扬州八怪”之一。他为后人留下了许多关于为人处世的宝贵精神财富，比如“难得糊涂”的名句、“衙斋卧听萧萧竹，疑是民间疾苦声。些小吾曹州县吏，一枝一叶总关情”的诗句，至今仍然广为流传。

郑板桥一向洁身自好，不与贪官污吏同流合污。当时许多官绅都愿意与他交往，为的是附庸风雅，提高名声，还有的官绅想得到他的字画，为自己脸上贴金。一次，一个州台大人庆贺生日，几次派人去请郑板桥。郑板桥无奈，带上一轴画和一缸酒，前去祝寿。州台大人十分高兴，命人把酒打开，一人一杯。大家一尝，原来是水，可谁也不好说破。郑板桥拿过画轴，写下一副对联“君子之交，淡淡如水”，随后扬长而去。大家面面相觑，谁也不敢做什么评论。

这样的人，他自己活得轻松，即使没有万贯家财，没有高贵权势，仍能感到足够的内心充实。这样的人，才不枉费来人世间走一遭。回过头来，看现在的很多人，他们忙碌地工作，忙碌地讨好上司，忙碌地追求功名利禄，和周遭的人勾心斗角。

他们从来不满意现在，在喧嚣热闹、狂热刺激间，生命不经意间流光了，穷得只剩下钱。他们不懂得恬静淡然为何意，这样的人，当生命只剩下堆得像废纸一样高的钞票，活着还有什么意义？

古话说：“静以修身，俭以养德”，“非淡泊无以明志，非宁静无以致远。”其实，我们应该学会在岁月中沉静片刻，坐在树阴下休息而不是赶路或是为某一情绪所主宰。这样才能领悟到生命的真谛，找到心灵的归宿。

所以，在快节奏的生活之余，静下心来享受淡泊的生活吧。你会发现它并

非乏味无趣，而是一种超脱世俗的安逸，是一种心境的存在方式，是人在精神上的一种自我观照，是一次思想上的清洗，是心灵上的无声对话。

唯有淡泊才能让人回归到自己的本真，使人有足够的时间和空间去洞悉自己的精神世界，以至找回失落或沦丧的精神家园。当你功成名就时，不妨问问自己是否真的快乐。多一分平淡便多一分快乐，少一分浮躁就少一分失落。

要知道，并非每一个女人都能拥有沉鱼落雁之美貌，但是恬静淡然，确是一种唯一能让美丽永驻的，与众不同的气质。恬静的女人在举手投足之间，彰显出来的优雅与韵致，散发阵阵迷人的魅力，无以抗拒。这是一种他人不能轻易取代的特质，是一个女人异于常人之处，足以吸引众多的目光。

所以，选择淡泊吧。偶尔抬头看看蓝蓝的天，白白的云，不要忙于埋头苦干，你将收获一份面对大势所趋却不随波逐流的勇毅，一份处于世俗却不染风尘的高洁傲岸，你将从平淡中得到心灵的慰藉，在安逸中得到灵魂的超越！

8. 世界很险恶，但我们依然要懂得感恩

美国和加拿大有个特殊的节日——感恩节（Thanksgiving Day），即每年11月的第四个星期四。1620年，著名的"五月花"号船满载不堪忍受英国国内宗教迫害的清教徒102人到达美洲。

1620年和1621年之交的冬天，移民们遇到了难以想象的困难，处在饥寒交迫之中，冬天过去时，活下来的移民只有50来人。这时，心地善良的印第安人给移民送来了生活必需品，还特地派人教他们怎样狩猎、捕鱼和种植玉米、南瓜。

在印第安人的帮助下，移民们终于获得了丰收，在欢庆丰收的日子，按照宗教传统习俗，移民规定了感谢上帝的日子，并决定为感谢印第安人的真诚帮助，邀请他们一同庆祝节日。

在第一个感恩节的这一天，印第安人和移民欢聚一堂，他们在黎明时鸣放礼炮，列队走进一间用作教堂的屋子，虔诚地向上帝表达谢意，然后点起篝火举行盛大宴会，将猎获的火鸡制成美味佳肴盛情款待印第安人。第二天和第三天又举行了摔跤、赛跑、唱歌、跳舞等活动。第一个感恩节非常成功。其中许多庆祝方式流传了300多年，一直保留到今天。

时至今日，感恩节已超越了庆祝丰收的原意，成为儿女感谢父母、丈夫感谢妻子、朋友之间表达谢意的日子，人人怀有一颗感恩的心。**感恩是一种美好的情感，是道义上的净化剂、事业上的原动力和内驱力，是人的高贵之所在。**

还有这样一个故事：有一位单身女子刚搬了家，她发现隔壁住了一户穷人家，一个寡妇与两个小孩子。有天晚上，那一带忽然停了电，那位女子只好自己点起了蜡烛。没一会儿，忽然听到有人敲门。

原来是隔壁邻居的小孩子，只见他紧张地问："阿姨，请问你家有蜡烛吗？"女子心想："他们家竟穷到连蜡烛都没有吗？千万别借他们，免得被他们依赖了！"

于是，对孩子吼了一声说："没有！"正当她准备关上门时，那穷小孩展开关爱的笑容说："我就知道你家一定没有！"说完，竟从怀里拿出两根蜡烛，说："妈妈和我怕你一个人住又没有蜡烛，所以我带两根来送你。"

此刻女子自责、感动得热泪盈眶，将那小孩子紧紧地拥在怀里。

虽然世界险恶，虽然我们并不富有，甚至一无所有，但是，我们也要懂得行善，也要学会感恩，也要多给他人"雪中送炭"。因为，行善与感恩，是人类最大的财富。

心存感恩的人，常怀仁爱之心，慈悲之心。心存感恩的人，处处布施行善，多给予，少索取。荀子曰："积善成德，而神明自得，圣心备焉?"要懂得给予，就永远有可给予；贪求索取，就永远要索取。给予得越多，收获得越多；索取得越多，收获就越少。

人的一生，为他人付出得越多，他的心就越富足，他就越过得胸怀坦荡，

泰然自若。一个人给予得越少，他的心灵就越干枯，他就越过得心神不宁、惴惴不安。心灵富足的人必会爱人，因为爱就是给予，爱就是富足，爱就是宽广，爱就是一切。得到别人帮助时心存感恩，就会让你想起往日他对你的关心帮助，化解心灵隔阂，让友谊常在。

感恩是给予的一种高级境界，是通往我们精神和灵魂增长之路的钥匙，能够感恩的人就能获得力量的循环增长。

因此，我们不仅要为自己拥有的感恩，也要学习为所失去的感恩，学习接纳失去的事实，不管人生的得与失，总是要让自己的生命充满亮丽与光彩，不为打翻的牛奶哭泣，努力地活出自己的生命，做一个坚强而有韧性的女人。

做美丽的女人，做更好的自己！

《Aven的美肤餐》

作者：Aven 著
定价：35.00元
出版：2011年6月

《女人精致生活指南》

作者：（韩）李载恩 著
定价：39.80元
出版：2012年1月

《优雅一生的成熟装扮》

作者：（日）押田比吕美 著
定价：26.80元
出版：2011年8月

《在搭配的愉悦中发现全新的自己》

作者：（日）押田比吕美 著
定价：26.80元
出版：2011年9月

《1001个时尚忠告》

作者：（英）卡洛琳·琼斯
（英）费昂娜·维特 著
定价：28.00元
出版：2011年10月

《绽放优雅》

作者：杨静怡 著
定价：32.00元
出版：2012年1月

《莉莉耿的时尚衣橱》

作者：耿丽 著
定价：38.00元
出版：2011年9月

《懒女孩爱美丽》

作者：（法）若伊·潘图
（法）朱莉·勒法耶
（法）索莱达·布拉维 著
定价：25.00元
出版：2011年8月

《懒女孩的理想衣橱》

作者：（法）劳尔·孔蒂埃
（法）让娜-奥萝尔·科勒伊 著
定价：25.00元
出版：2011年8月

《懒女孩的禅定与解压》

作者：（法）阿娜·贝努瓦 著
定价：28.80元
出版：2011年8月

《改头换面

重塑你的形象与风格》

作者：（法）卡洛琳•巴里 著
定价：35.00元
出版：2012年1月

《咖啡狂的笔记本》

作者：（韩）朴相姬 著
定价：45.00元
出版：2012年1月

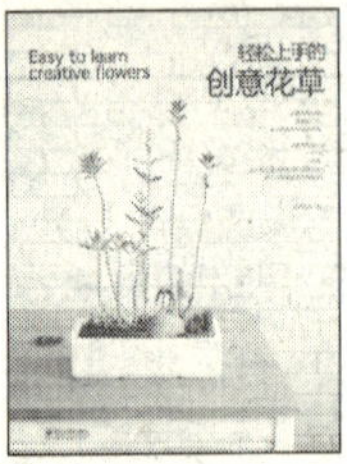

《轻松上手的创意花草》

作者：罗翌慎 著
定价：32.00元
出版：2012年1月

《早安！伦敦市集》

作者：邢燕坤 著
定价：45.00元
出版：2012年1月

《携手闺蜜游世界

乐享迪拜》

作者：于丽娜 徐杨 李坤 著
定价：38.00元
出版：2012年1月

《创意游戏

和妈妈一起玩儿》

作者：（韩）金福实 著
定价：35.00元
出版：2011年10月

《儿童安全120

120种自我保护方法》

作者：陈昕 著
定价：36.00元
出版：2011年10月

《注意力！

决定孩子一生的关键》

作者：陈昕 著
定价：29.80元
出版：2012年1月

《伊顿公学与精英教育》

作者：友友 著
定价：36.00元
出版：2011年9月

《不能错过的黄金教养期》

作者：邓嘉安 著
定价：28.00元
出版：2012年1月